協力ゲーム理論

中山幹夫
船木由喜彦
武藤滋夫

勁草書房

はしがき

　本書は，協力ゲーム理論の基礎的解説書である．ゲーム理論は，今日では一昔前に比べてかなり普及しており，大学の経済学部などでも授業に取り入れられることが多くなってきている．また，2005 年には，ノーベル経済学賞が 1994 年に引き続いて，ゲーム理論による貢献に対して与えられ，さらに 2007 年にはゲーム理論が中心的役割を果たすメカニズム・デザインの研究に対して与えられた．

　1994 年の受賞は，非協力ゲーム理論の創始者である数学者ナッシュと，これを発展させたハーサニーおよびゼルテンという 2 人のゲーム理論家によるものであり，2005 年には多くの重要なアイディアを提示し応用してきたトーマス・シェリングと，協力ゲームを含むゲーム理論全般にわたる貢献をなしたロバート・オーマンに与えられた．2007 年に受賞した 3 人のうち，エリック・マスキンとロジャー・マイヤーソンは，それぞれメカニズム・デザインに対して非協力ゲームによる重要な基礎的貢献をなした研究者である．この間，情報の経済学や実験経済学，さらに『通時的整合性』の理論など，非協力ゲーム理論と深く関わる経済理論がノーベル賞を受賞している．

　さて，協力ゲーム理論は，非協力ゲーム理論とともに人々の社会・経済的行動の分析には不可欠な役割を果たす理論である．非協力ゲームが戦略行動の分析を目的としているのに対し，協力ゲームは人々の提携行動とそれにもとづく利得分配という視点からの分析のための数学理論である．人間の社会的行動には，市場での個々独立した行動以外にも，提携，結託，共謀あるいは談合などの言葉で表されるような集合的行動形態の方が多いとさえいえる．政党，派閥，会派，同盟，市民連合，労働組合，生協，クラブ，サークルなど，実際，枚挙にいとまがない．このような提携行動を前提として，利得の分配をめぐる問題を考察するのが協力ゲーム理論である．今日，ゲーム理論といえば，非協力ゲームを意味することが多いが，経済をも含む社会的広がりにおける人間行

動の分析には，協力ゲームも大きな役割を果たすのである．

歴史的には，協力ゲーム理論は1944年，天才科学者として知られるフォン・ノイマンと経済学者モルゲンシュテルンの共著になる『ゲームの理論と経済行動』によって誕生した．フォン・ノイマンとモルゲンシュテルンは，この共著の中で，3人以上からなる社会では，人々は互いに提携を形成して行動するという哲学のもとで，n人協力ゲームの理論をつくりあげたのである．ちなみに，非協力ゲーム理論の出発点であるゼロ和2人ゲームもフォン・ノイマンの創始になるものであり，フォン・ノイマンとモルゲンシュテルンのn人協力ゲームの理論は，このゼロ和2人ゲームを土台につくられている．

この共著の中で，フォン・ノイマンとモルゲンシュテルンは，1人の売り手と2人の買い手からなる非分割財の取引を分析し，競争的取引だけでなく，買い手2人が共謀して，競争的価格より低い価格で取引し，これによって生じた利得を2人の共謀者が山分けするという行動も，単一の解概念によって導出できることを示した．おそらく，これが世に現れた最初の3人協力ゲームの経済学的応用であろう．このモデルは，今日においてもなお新鮮さを失ってはいない．たとえば，ある自治体が公共事業を入札によって，2つの事業者のうちのひとつに競争的に請け負わせるという問題に応用することができる．このゲームの解が記述するように，業者が談合して競争的価格より高い価格で落札することは，今日，珍しいことではない．

他方，「純粋」経済学的な応用としても，オーマンの代表的な仕事のひとつである，経済の競争均衡配分と協力ゲームのコアと呼ばれる解との一致を示す有名な定理がある．これは1960年代に発表されたものであり，非協力ゲームより10年以上早く経済学に貢献していることが注目される．この事実を，鈴木光男東京工業大学名誉教授は，ゲーム理論に対する当時の学会の反応を背景に，次のように記している．

> 経済学において，正統的にして，最も正統的なる市場の完全競争の理論が，異端の思想であるゲームの理論によって初めて明確にされたことは，異端と正統との対立的展開の一つの象徴的事件である．（鈴木光男編『競争社会のゲームの理論』勁草書房，1970年，はしがきより）

今日，協力ゲーム理論を異端視する経済学者はむしろ少なく，逆に，国際的に影響力のある経済学者エリック・マスキンなどは協力ゲーム理論を再評価し経済学への応用可能性を念頭に置いた講演を方々で行うほどになっている．実際，いわゆる市場ゲームやアサインメント・ゲーム，投票理論，マッチング問題，費用分担問題などの「古典的」研究のほか，現代においては，国際経済，環境経済，提携形成，ネットワーク，組み合わせ最適化など，経済学とこれに隣接するオペレーションズ・リサーチや工学的分野にまたがるバラエティに富んだ研究が展開されており，これが協力ゲーム理論のひとつの特徴であるとともに，魅力にもなっている．このように，協力ゲーム理論は，非協力ゲーム理論とは異なる応用分野をもっており，結果としてゲーム理論は，広い分野をカバーしているといえるのである．

　本書では，しかし，上に述べたような応用に触れる機会は少ないが，それは，協力ゲーム理論の解説書自体がきわめて少ない現状では，まず理論の紹介が必要であると考えたからである．われわれ3人の共著者のうち，とくに中山と武藤がゲーム理論の勉強を始めた1970年代初頭も，同じような状況であった．当時は，ゲーム理論とは，普通，協力ゲーム理論を意味していたにもかかわらず，ゲーム理論の解説書は，鈴木光男教授の著書のほかにはほとんど見当たらなかったのである．今では，ゲーム理論のテキストや参考書は数多く出版されているが，本書は，協力ゲームの解説書として他のゲーム理論の書物とは一線を画すものである．

　内容については，まず第1章で古典的な協力ゲームの標準理論が展開される．いわゆる譲渡可能効用（transferable utility）を前提とする協力ゲーム理論であり，TUゲームと呼ばれることもある．ナッシュ均衡を本質的に唯一の解概念としてもつ非協力ゲーム理論と異なり，協力ゲーム理論には多くの解概念があるが，ここではコアに始まり，安定集合，交渉集合，カーネル，仁およびシャープレイ値という基本的な解を考察する．第2章では，この譲渡可能効用の仮定をはずしたNTUゲームとコア，仁およびシャープレイ値の拡張について述べるとともに，経済の均衡概念との関連についても触れる．第3章では，解の公理化について考察する．整合性公理を軸として，コア，プレカーネ

ル，プレ仁，シャープレイ値とその他の解の多様な特徴付けが与えられる．第4章では，提携をともなう戦略形ゲームと，その基本的な解について述べる．提携による逸脱（deviation）を前提に，強ナッシュ均衡，結託耐性ナッシュ均衡やさらに α-コア，β-コアへと接続し，経済への応用例についても触れている．

奇しくも，本書の執筆中に，Peleg と Sudhölter による共著

Introduction to the Theory of Cooperative Games

が出版された．この書物は，国際的にもおそらく最初のまとまった協力ゲームの解説書であり，内容も本書と共通する部分が多い．これをきっかけに，協力ゲームに対する学部上級生や大学院生の関心が，国の内外で高まっていくことを期待したい．

　本書がこのような形で出版されるに至ったことについては，何をおいてもまず宮本詳三氏に感謝しなければならない．われわれ3人が同時に執筆していた期間はおそらく空集合であり，そのため遅々として進まなかった原稿に対しての，氏の絶大な寛容と忍耐がなければ，この出版はなかったであろう．重ねて感謝する次第である．

　また，ゼミや授業を通して原稿の完成に協力してくれた慶應義塾大学，早稲田大学および東京工業大学の各大学院生諸君にも感謝したい．彼らのコメントによって内容の記述を改善できたことはもちろんであるが，同時に，協力ゲームに関心をもち，学問的貢献を目指す研究者として育ちつつあることも，著者らの大きな喜びであることはいうまでもない．

2008年1月

中山　幹夫
船木由喜彦
武藤　滋夫

目　　次

はしがき

第 1 章　TU ゲーム　　3
1.1　特性関数 3
1.2　配　　分 5
1.3　例とその特性関数形表現 7
1.4　配分の支配 10
1.5　コ　　ア 12
1.6　安定集合 20
1.7　交渉集合 28
1.8　カーネル 33
1.9　仁 41
1.10　シャープレイ値 50
1.11　凸ゲーム 67

第 2 章　NTU ゲーム　　81
2.1　譲渡可能効用を仮定しない提携形ゲーム 81
2.2　コ　　ア 82
2.3　仁 89
2.4　NTU シャープレイ値 95
2.5　NTU コアの存在証明 99

第 3 章　整合性公理と解の特徴付け　　105
3.1　整合性公理とその意味 105
3.2　いくつかの基本的な公理 109
3.3　いろいろな縮小ゲームとコアの公理化 114

3.4	プレカーネルとプレ仁の公理化	125
3.5	シャープレイ値の公理化	133
3.6	その他の解の公理化	147
3.7	NTUゲームにおけるコアの公理化	151
3.8	凸ゲームのカーネル	166

第4章 戦略形協力ゲーム　　173

4.1	提携を許す戦略形ゲーム	173
4.2	強ナッシュ均衡	173
4.3	結託耐性ナッシュ均衡	182
4.4	コ　ア	191
4.5	自己拘束的戦略	203

参考文献　　209

索　引　　215

協力ゲーム理論

第1章 TUゲーム

1.1 特性関数

協力ゲームの表現形式として von Neumann and Morgenstern [89] によって与えられた**特性関数形ゲーム**は，提携形ゲームとも呼ばれ，プレイヤーの集合 $N = \{1, 2, \cdots, n\}$ と特性関数 v の組 (N, v) によって表される．特性関数 v は，N の各部分集合 S に対して，そのメンバーが協力したときに提携全体として必ず獲得できる利得の値，ないしは S の各メンバーが獲得できる利得の値を並べたベクトルを与える関数である．N の部分集合を**提携**と呼び，N を全員提携と呼ぶ．以下，特性関数形ゲームを単にゲームと呼ぶ．

いま，貨幣が存在して，貨幣から得られる効用と貨幣以外から得られる効用が分離でき，しかも貨幣から得られる効用は貨幣額の増加に比例して増加するような効用を各プレイヤーがもっているときには，貨幣のやり取りを通して効用を譲渡することができる．このような効用を**譲渡可能効用**と呼び，譲渡可能効用を前提とする特性関数形ゲームを **TU ゲーム**と呼ぶ．一方，譲渡可能効用を前提としないゲームを **NTU ゲーム**と呼ぶ．NTU ゲームについては，次の第2章で扱う．

TU ゲームにおいては，特性関数は N の部分集合の全体 2^N の上での実数値関数 $v : 2^N \to \mathbb{R}$ で表される．ここで，$\mathbb{R}$ は実数の全体を表す．各提携 $S \subseteq N$ に対して，特性関数の値 $v(S)$ は，S のメンバーが協力したときに，$N \setminus S$ のメンバーがどのような行動をとろうとも S 全体として必ず獲得できる S にとって最良の値を表す．空集合 $\emptyset$ については $v(\emptyset) = 0$ とする．

定義 1.1. 2つの特性関数 v と v' について，ある実数 $c > 0, a_1, \cdots, a_n$ が存在して，すべての $S \subseteq N$ に対して

$$v'(S) = cv(S) + \sum_{i \in S} a_i$$

となるとき，v' は v に戦略上同等であるという．

v' が v に戦略上同等であることを $v \sim v'$ で表すと，定義から直ちにわかるように，任意の特性関数 v, v', v'' に対して，（対称性）$v \sim v$，（反射性）$v \sim v'$ ならば $v' \sim v$，（推移性）$v \sim v'$ かつ $v' \sim v''$ ならば $v \sim v''$ の3つの性質が成り立つ．したがって，$\sim$ は同値関係になり，特性関数は戦略上同等な関係 $\sim$ により，同値な類に分けられる．反射性に基づき，以後「v と v' は戦略上同等である」という表現を用いる．

戦略上同等なゲームは，利得を測るスケールと原点が違うだけで，数学的には同等なゲームと考えることができる．

定義 1.2. 特性関数 v に対して，

$$v'(S) = v(S) - \sum_{i \in S} v(\{i\}) \quad \forall S \subseteq N$$

で与えられる特性関数 v' を，v のゼロ正規化という．

$c = 1, a_i = -v(\{i\}) \ \forall i \in N$ とすればわかるように，ゼロ正規化された特性関数は，もとの特性関数と戦略上同等である．また，次節以降で述べていくように，本章で扱う特性関数形ゲームの解は戦略上同等な変換により影響を受けない．しかも，1人提携の特性関数の値は定義からすべてゼロとなるため，分析が容易である．したがって，ゼロ正規化したうえで分析されることが多い．

定義 1.3. 特性関数 v が，すべての相交わらない2つの提携 $S, T \subseteq N, S \cap T = \emptyset$ に対して，$v(S) + v(T) \leq v(S \cup T)$ となるとき，v は優加法的であるという．

直ちにわかるように，v が優加法性を満たすならば，v と戦略上同等なゲームも優加法性を満たす．

特性関数が優加法性を満たす場合には，2つの相交わらない提携はそれぞれ独自に行動するよりも，共同して行動した方が獲得できる利得は小さくなることはない．よって，提携のサイズは大きくなっていき，最終的には全員提携が形成されると考えられる．また，実際の問題から特性関数を作るとき，優加法性が満たされることが多い．したがって，これまでの協力ゲーム理論ではほとんどの場合，全員提携が形成されることを前提とし，全員提携が形成されたときに獲得できる値 $v(N)$ をプレイヤー間でどのように分け合うかないしは分け合うべきかということが主要な研究テーマとなってきた[1]．本章でも，以下優加法性を仮定して議論を進める．

1.2 配　分

協力ゲームの解の考え方にはさまざまなものがあり，それぞれの考え方に基づいてさまざまな解が提唱されてきている．ただ，ほとんどの解は次に述べる配分の集合の中で考えられている．

$v(N)$ を分配するとき，プレイヤー i が得る量を x_i で表し，プレイヤー i の利得という．各プレイヤーの利得を並べたベクトル $x = (x_1, x_2, \cdots, x_n) \in \mathbb{R}^n$ を利得ベクトルという．$\mathbb{R}^n$ は n 次元の実数のベクトルの全体を表す．

定義 1.4. ゲーム (N, v) において，利得ベクトル $x = (x_1, x_2, \cdots, x_n)$ が次の2つの条件を満たすとき，x を配分という．
(1) $\sum_{i \in N} x_i = v(N)$
(2) $x_i \geq v(\{i\}) \quad \forall i \in N$

条件 (1) は，全員の利得を合計したものは $v(N)$ に等しいことを表してお

---

[1] 特性関数が優加法性を満たすからといって，全員提携が形成されるかどうかは，理論的に証明されているわけではない．提携形成の問題は，1990 年代に入ってようやく，非協力ゲーム理論からのアプローチも含めさまざまな角度から研究されるようになった．

り，**全体合理性**と呼ばれる．全員が協力したときに得られる量 $v(N)$ を n 人のプレイヤーの間で分け合うのであるから，この条件は当然成り立つべきであろう．条件 (2) は，各プレイヤーが得る利得はそのプレイヤーが全員提携から外れて 1 人だけで行動したときに得られる値を下回らないことを表しており，**個人合理性**と呼ばれる．もしこの条件が成り立たなければ，プレイヤーは全員提携に加わる動機をもたない．全員提携を保つために必要な条件である．

ゲーム (N, v) の配分全体の集合

$$\left\{ x = (x_1, x_2, \cdots, x_n) \in \mathbb{R}^n \mid \sum_{i \in N} x_i = v(N), \ \ x_i \geq v(\{i\}) \ \ \forall i \in N \right\}$$

を，以下 $\mathcal{I}(v)$ で表す．

配分の全体は，ゲームの戦略上同等な変換によって影響を受けない．実際，ゲーム (N, v) と (N, v') において，v と v' が戦略上同等であるとし，ある実数 $c > 0, a_1, \cdots, a_n$ が存在して，

$$v'(S) = cv(S) + \sum_{i \in S} a_i \ \ \forall S \subseteq N$$

であるとする．このとき，ゲーム (N, v) の各配分 $x \in \mathcal{I}(v)$ に対して，$x'_i = cx_i + a_i \ \ \forall i \in N$ によって与えられる $x' = (x'_1, x'_2, \cdots, x'_n)$ の全体

$$\{ x' = (x'_1, x'_2, \cdots, x'_n) \mid x'_i = cx_i + a_i$$
$$\forall i \in N, \ x = (x_1, x_2, \cdots, x_n) \in \mathcal{I}(v) \}$$

は，ゲーム (N, v') の配分の集合 $\mathcal{I}(v')$ となる．逆に，

$$\{ x = (x_1, x_2, \cdots, x_n) \mid x_i = (x'_i - a_i)/c$$
$$\forall i \in N, \ x' = (x'_1, x'_2, \cdots, x'_n) \in \mathcal{I}(v') \}$$

は，ゲーム (N, v) の配分の集合 $\mathcal{I}(v)$ となる．読者自身で確かめていただきたい．

本章では，配分の集合の中でさまざまな解を考えていくが，配分と同じように，いずれの解も戦略上同等な変換によって影響を受けない．

以下の議論において，3 人ゲームの例を多く用いるが，ゼロ正規化された 3

図 1.1 ゼロ正規化された 3 人ゲームの基本三角形

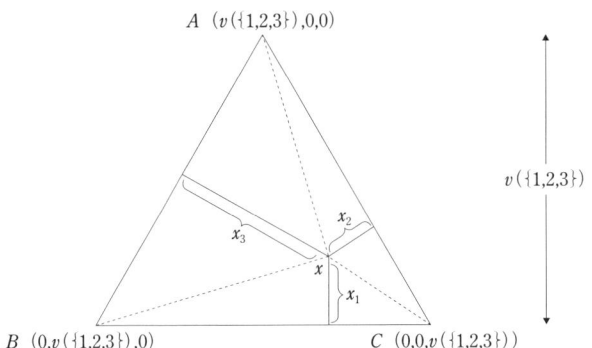

人ゲームにおいては，図 1.1 に示すように，配分の集合を高さ $v(\{1,2,3\})$ の正三角形で表現することができる．頂点 A, B, C は，それぞれ配分 $(v(\{1,2,3\}),0,0)$, $(0,v(\{1,2,3\}),0)$, $(0,0,v(\{1,2,3\}))$ を表し，点 x は，辺 BC, CA, AB へ下ろした垂線の長さをそれぞれ x_1, x_2, x_3 とするとき，配分 $x = (x_1, x_2, x_3)$ を表す．この三角形を**基本三角形**[2]と呼ぶ．

1.3 例とその特性関数形表現

本章では，以下の 3 つの簡単な 3 人ゲームの例を用いながら特性関数形ゲームの解を解説する．

例 1.1. 3 人のプレイヤー 1, 2, 3 が，共同事業から得られた 1 億円を単純多数決で分けようとしている．つまり，1 億円を得るためには，2 人以上の提携を組まなければならない．

例 1.2. 例 1.1 において，プレイヤー 1 が拒否権をもち，したがって，1 億円を得るためには 2 人以上の提携でしかもプレイヤー 1 を含んでいなければならない．

---

[2] $x_1 + x_2 + x_3 = v(\{1,2,3\})$ となることは，三角形 ABx, BCx, CAx の面積の和が三角形 ABC の面積に等しいことから容易に導かれる．

例 1.3. 隣接する 3 つの自治体 1, 2, 3 が共同して水源から上水道を供給するための水道管を引こうと計画している．各自治体がそれぞれ独自に水道管を引く場合には，1, 2, 3 はそれぞれ 1 億 4 千万円，1 億 6 千万円，2 億円を必要とする．1, 2 が協力したときには別々に引くよりも費用を軽減でき 2 億 4 千万円ですむ．同様に，2, 3 が協力したときには 2 億 8 千万円と費用を軽減できるが，1, 3 は 2 をはさんで離れて位置しているため，協力しても費用を軽減できず，別々に引いたときと同じ 3 億 4 千万円を要する．3 つの自治体全部が協力すれば，3 億円の費用で 3 自治体をまかなう水道管を引くことができる．

この 3 つの例に共通するのは，複数のプレイヤー（例 1.3 であれば自治体）がどのように協力関係を結び，協力の結果得られた利得をどのように分け合うかという問題である．

まず，この 3 つの例を特性関数形ゲームとして表現してみよう．

例 1.1：プレイヤーの集合は，$N = \{1, 2, 3\}$ である．1 億円を得られるのは，過半数を超える 2 人以上の提携だけであるから，単位を 1 億円として，特性関数は，

$$v(\{1,2,3\}) = 1, \quad v(\{1,2\}) = v(\{1,3\}) = v(\{2,3\}) = 1$$
$$v(\{1\}) = v(\{2\}) = v(\{3\}) = 0, \quad v(\emptyset) = 0$$

である．

例 1.2：プレイヤーの集合は，例 1.1 と同様 $N = \{1, 2, 3\}$ である．1 億円を得られるのは，過半数を超える 2 人以上の提携でしかもプレイヤー 1 を含むものだけであるから，特性関数は，単位を 1 億円として，

$$v(\{1,2,3\}) = 1, \quad v(\{1,2\}) = v(\{1,3\}) = 1, \quad v(\{2,3\}) = 0$$
$$v(\{1\}) = v(\{2\}) = v(\{3\}) = 0, \quad v(\emptyset) = 0$$

である．

例 **1.3**：プレイヤーの集合は，$N = \{1, 2, 3\}$ である．費用は支払うものであるから少ない方がよいので，マイナスをつけておくと，特性関数は，単位を 1 千万円として，

$$v(\{1,2,3\}) = -30$$
$$v(\{1,2\}) = -24, \quad v(\{1,3\}) = -34, \quad v(\{2,3\}) = -28$$
$$v(\{1\}) = -14, \quad v(\{2\}) = -16, \quad v(\{3\}) = -20, \quad v(\emptyset) = 0$$

である．

例 1.3 において，v のゼロ正規化を v' とすると，

$$v'(\{1,2,3\}) = -30 - (-14 - 16 - 20) = 20,$$
$$v'(\{1,2\}) = -24 - (-14 - 16) = 6, \quad v'(\{1,3\}) = -34 - (-14 - 20) = 0$$
$$v'(\{2,3\}) = -28 - (-16 - 20) = 8, \quad v'(\{1\}) = -14 - (-14) = 0$$
$$v'(\{2\}) = -16 - (-16) = 0, \quad v'(\{3\}) = -20 - (-20) = 0, \quad v'(\emptyset) = 0$$

この特性関数 v' は，各提携が形成されたときの費用の軽減分を表している．たとえば，提携 $\{1,2\}$ であれば，1, 2 が独自に水道管を引けば，それぞれ 1 億 4 千万円，1 億 6 千万円，合計で 3 億円かかるところ，協力すれば 2 億 4 千万円でよいから 6 千万円費用を軽減できる．これが特性関数 v' の値となっている．他の提携についても同様である．

ゼロ正規化された特性関数の方が 1 人提携の値がゼロで扱いやすいので，以下本章では，例 1.3 についてはゼロ正規化された方の特性関数 v' を用いることとする．

例 1.1, 例 1.2 の配分の集合は，

$$\mathcal{I}(v) = \left\{ x = (x_1, x_2, x_3) \in \mathbb{R}^3 \mid \sum_{i=1}^{3} x_i = 1, \ x_1, x_2, x_3 \geq 0 \right\}$$

例 1.3 の (N, v) およびゼロ正規化されたゲーム (N, v') の配分の集合は，

$$\mathcal{I}(v) = \{x = (x_1, x_2, x_3) \in \mathbb{R}^3 \mid \sum_{i=1}^{3} x_i = -30,\ x_1 \geq -14,\ x_2 \geq -16,$$
$$x_3 \geq -20\}$$
$$\mathcal{I}(v') = \{x' = (x'_1, x'_2, x'_3) \in \mathbb{R}^3 \mid \sum_{i=1}^{3} x'_i = 20,\ x'_1, x'_2, x'_3 \geq 0\}$$

であり，

$$\mathcal{I}(v') = \{x' = (x'_1, x'_2, x'_3) \in \mathbb{R}^3 \mid x'_1 = x_1 + 14,\ x'_2 = x_2 + 16,\ x'_3 = x_3 + 20,$$
$$x = (x_1, x_2, x_3) \in \mathcal{I}(v)\}$$

となっていることに注意していただきたい．

1.4 配分の支配

例 1.1 において，3 人のプレイヤーが全員で提携を組むことを前提として，1 億円の分配をめぐって話し合っているとしよう．いま，1 億円を 3 人で均等に分け合う $x = (x_1, x_2, x_3) = (1/3, 1/3, 1/3)$ という配分が提示されたとする．このとき，プレイヤー 1, 2 は協力すれば，3 の助けなしに $v(\{1,2\}) = 1$ を得られるから（それを 2 人で均等に 1/2 ずつ分け合うことにより），$y = (y_1, y_2, y_3) = (1/2, 1/2, 0)$ という配分を実現でき，プレイヤー 1, 2 ともに，配分 x におけるよりも配分 y における方がより大きな利得を得られる．このようなときに，配分 y は x を提携 $\{1, 2\}$ を通して支配するという．

定義 1.5. 2 つの配分 x, y と提携 $S \subseteq N$ をとる．次の 2 つの条件が満たされるとき，x は y を S を通して支配するといい，$x\ dom_S\ y$ と書く．
(1) $\sum_{i \in S} x_i \leq v(S)$
(2) $x_i > y_i\ \ \forall i \in S$

条件 (1) は，配分 x において S のメンバーに分け与えられている利得の合計は，S のメンバーが $N \setminus S$ に属するメンバーの協力なしに彼らだけで獲得できることを表している．また，条件 (2) は，S のすべてのメンバーが配分 y

よりも配分 x を好むことを表している．したがって，提携 S は配分 y が提示された場合には，配分 x をもってこれを拒否することができる．

$x \, dom_S \, y$ となる提携 S が少なくとも 1 つ存在するときに，単に x は y を**支配する**といい，$x \, dom \, y$ と表す．

支配の関係は，戦略上同等な変換によって影響を受けない．実際，ゲーム (N,v) と (N,v') において，v と v' が戦略上同等であるとし，ある実数 $c > 0$, $a_1, \cdots, a_n$ が存在して，

$$v'(S) = cv(S) + \sum_{i \in S} a_i \quad \forall S \subseteq N$$

であるとする．いま，ゲーム (N,v) において，2 つの配分 $x,y \in \mathcal{I}(v)$ について $x \, dom_S \, y$，したがって，$\sum_{i \in S} x_i \leq v(S)$ かつ $x_i > y_i \ \forall i \in S$ とする．このとき，$x'_i = cx_i + a_i \ \forall i \in N$ によって与えられる $x' = (x'_1, x'_2, \cdots, x'_n)$ と $y'_i = cy_i + a_i \ \forall i \in N$ によって与えられる $y' = (y'_1, y'_2, \cdots, y'_n)$ をつくると，すでに配分のところで見たように，$x', y' \in \mathcal{I}(v')$ である．さらに，

$$\sum_{i \in S} x'_i = c \sum_{i \in S} x_i + \sum_{i \in S} a_i \leq cv(S) + \sum_{i \in S} a_i = v'(S),$$
$$x'_i = cx_i + a_i > cy_i + a_i = y'_i \ \forall i \in S$$

となるから，ゲーム (N,v') において，$x' \, dom_S \, y'$ が成り立つ．

さらに，以下の議論のために，全員提携および 1 人提携を通しての支配はありえないことを注意しておく．実際，$x \, dom_N \, y$ であれば，条件（2）と配分の全体合理性から，

$$v(N) = \sum_{i \in N} y_i < \sum_{i \in N} x_i = v(N)$$

となり矛盾が導かれる．また，$x \, dom_{\{i\}} \, y$ であれば，条件（1），（2）と配分の個人合理性から，

$$v(\{i\}) \leq y_i < x_i \leq v(\{i\})$$

となって矛盾が導かれる．したがって，3 人ゲームでは，2 人提携を通しての支配のみを考えておけば十分である．

1.5 コ ア

1.5.1 支配されない配分と提携合理性

定義 1.6. ゲーム (N,v) において，他のどのような配分からも支配されない配分の集合を (N,v) の**コア**という．

以下では，(N,v) のコアを $\mathcal{C}(v)$ で表す．

$$\mathcal{C}(v) = \{x \in \mathcal{I}(v) \mid y \ dom \ x \ \text{なる} \ y \in \mathcal{I}(v) \ \text{が存在しない} \}$$

である．

コアは von Neumann and Morgenstern [89] においてすでに考えられていたが，明示的に扱われコアという名がつけられたのは，Gillies [26] においてである．

支配関係が戦略上同等な変換によって影響を受けないから，支配のみに基づいて定義されているコアも戦略上同等な変換によって影響を受けないことを注意しておく．

優加法的なゲームでは，コアはよりとらえやすい形で表現される．

定義 1.7. 配分 $x \in \mathcal{I}(v)$ が，提携 $S \subseteq N$ に関して，条件

$$\sum_{i \in S} x_i \geq v(S)$$

を満たすとき，x は S に関して**提携合理的**であるという．

提携合理性も戦略上同等な変換によって影響を受けない．読者自身で確かめていただきたい．

提携合理性を用いて，次の定理が成り立つ．

定理 1.1. (N,v) において，特性関数 v が優加法性を満たすならば，

$$\mathcal{C}(v) = \left\{ x \in \mathcal{I}(v) \mid \sum_{i \in S} x_i \geq v(S) \ \forall S \subseteq N,\ S \neq N, \emptyset \right\}$$

つまり，コアはすべての非空な提携に関して提携合理性を満たす配分の集合となる．（全員提携 N に対しては，配分の全体合理性から提携合理性は常に等号で成り立つ．）

証明．定理 1.1 の右辺の集合を $D(v)$ と表す．

$\mathcal{C}(v) \supseteq D(v)$：任意の $x \in D(v)$ をとる．

$$\sum_{i \in S} x_i \geq v(S) \quad \forall S \subset N,\ S \neq N, \emptyset$$

である．いま，$x \notin \mathcal{C}(v)$ とすると，ある $y \in \mathcal{I}(v)$ とある $S \subset N$ が存在して，$y\ dom_S\ x$．したがって，(1) $\sum_{i \in S} y_i \leq v(S)$，(2) $y_i > x_i\ \forall i \in S$ が成り立つので $\sum_{i \in S} x_i < v(S)$．これは，$x$ がすべての提携に関して提携合理性を満たす配分であることに反する．

$\mathcal{C}(v) \subseteq D(v)$：任意の $x \in \mathcal{C}(v)$ をとる．いま，$x \notin D(v)$ とすると，ある $S \subset N$ が存在して，$\sum_{i \in S} x_i < v(S)$．ここで，$\epsilon = v(S) - \sum_{i \in S} x_i > 0$ とし，各 $i \in N$ について，

$$y_i = \begin{cases} x_i + \dfrac{\epsilon}{|S|} & i \in S \\ v(\{i\}) + \dfrac{v(N) - v(S) - \sum_{i \in N \setminus S} v(\{i\})}{|N \setminus S|} & i \in N \setminus S \end{cases}$$

によって y_i を定義して，$y = (y_1, \cdots, y_n)$ とする．ここで，$|S|$, $|N \setminus S|$ は，それぞれ S, $N \setminus S$ に含まれるプレイヤーの数である．

この y に関して，$\sum_{i \in N} y_i = v(N)$ は容易に確かめられる．また，x が配分ゆえ，$x_i \geq v(\{i\})\ \forall i \in N$，かつ $\epsilon > 0$ であるから，$y_i > x_i \geq v(\{i\})\ \forall i \in S$．さらに，$v$ の優加法性より，$v(N) - v(S) - \sum_{i \in N \setminus S} v(\{i\}) \geq 0$，したがって，$y_i \geq v(\{i\})\ \forall i \in N \setminus S$．よって，$y$ は配分である．さらに，y の作り方より，$y_i > x_i\ \forall i \in S$，かつ $\sum_{i \in S} y_i = v(S)$ であるから，$y\ dom_S\ x$．これ

は，$x \in \mathcal{C}(v)$ に反する[3]． $\square$

本書では，優加法性を仮定しているので，今後コア $\mathcal{C}(v)$ といったときには，以下の集合を意味するものとする[4]．

$$\left\{ x \in \mathcal{I}(v) \mid \sum_{i \in S} x_i \geq v(S) \quad \forall S \subseteq N,\ S \neq N, \emptyset \right\}$$

この集合の形からわかるように，コアは，配分の集合と 2 人以上 $n-1$ 人以下の各提携 S に関する半空間 $\{x \in \mathbb{R}^n \mid \sum_{i \in S} x_i \geq v(S)\}$ の交わりで与えられる．$\mathbb{R}^n$ は n 次元の実数ベクトルの全体を表す．したがって，コアは，コンパクト（つまり，有界で閉）で凸な集合になる．

さらに，コアについては，次のような解釈を与えることもできる．

定義 1.8. 配分 $x \in \mathcal{I}(v)$ と提携 $S \subseteq N$ について，$v(S) - \sum_{i \in S} x_i$ を配分 x に対して提携 S がもつ不満といい，$e(S, x)$ で表す．

提携 S は彼らだけで行動しても $v(S)$ を獲得できる．それに対して，$\sum_{i \in S} x_i$ は，配分 x において提携 S のプレイヤーに分け与えられている利得の合計である．したがって，その差 $v(S) - \sum_{i \in S} x_i$ は配分 x に対して提携 S がもつ不満の量と考えられる．この不満の考えを用いれば，コアは，すべての提携に対して不満を与えないような配分の集合であるということもできる．

1.5.2　例におけるコア

例 1.1，例 1.2，例 1.3 のコアを求めてみよう．例 1.1 の特性関数は，

---

[3] 証明からわかるように，$\mathcal{C}(v) \supseteq D(v)$ は優加法性の条件がなくとも一般に成り立ち，$\mathcal{C}(v) \subseteq D(v)$ も優加法性よりも弱い条件 $v(N) \geq v(S) + \sum_{i \in N \setminus S} v(\{i\})$ $\forall S \subseteq N$ が満たされるならば成り立つ．

[4] 明示的に優加法性を仮定しない場合にも，最近では，コアといった場合にはこの集合を意味することが一般的である．

$$v(\{1,2,3\}) = 1, \quad v(\{1,2\}) = v(\{1,3\}) = v(\{2,3\}) = 1$$
$$v(\{1\}) = v(\{2\}) = v(\{3\}) = 0, \quad v(\emptyset) = 0$$

である．したがって，コアに属する配分 $x = (x_1, x_2, x_3)$ は，配分の条件，全体合理性と個人合理性から，

$$x_1 + x_2 + x_3 = v(\{1,2,3\}) = 1$$
$$x_1 \geq v(\{1\}) = 0, \quad x_2 \geq v(\{2\}) = 0, \quad x_3 \geq v(\{3\}) = 0$$

を満たしていなければならず，さらに，全員提携と空集合以外の提携に関する提携合理性の条件から，

$$x_1 + x_2 \geq v(\{1,2\}) = 1, \quad x_1 + x_3 \geq v(\{1,3\}) = 1,$$
$$x_2 + x_3 \geq v(\{2,3\}) = 1$$
$$x_1 \geq v(\{1\}) = 0, \quad x_2 \geq v(\{2\}) = 0, \quad x_3 \geq v(\{3\}) = 0$$

ここで，1人提携に関する条件は，配分の個人合理性と1人提携に対する提携合理性において重複していることに注意していただきたい．今後は，簡単のために，提携合理性の条件は2人以上の提携のみを書くこととする．2人提携に関する提携合理性をすべて加えると，

$$x_1 + x_2 + x_3 \geq \frac{3}{2}$$

これは，全体合理性の条件 $x_1 + x_2 + x_3 = v(\{1,2,3\}) = 1$ に反する．したがって，例1.1においてはコアは空集合となる．

次に例1.2のコアを求める．特性関数は，

$$v(\{1,2,3\}) = 1, \quad v(\{1,2\}) = v(\{1,3\}) = 1, \quad v(\{2,3\}) = 0$$
$$v(\{1\}) = v(\{2\}) = v(\{3\}) = 0, \quad v(\emptyset) = 0$$

である．コアに属する配分 $x = (x_1, x_2, x_3)$ は，配分の条件，全体合理性と個人合理性から，

$$x_1 + x_2 + x_3 = v(\{1,2,3\}) = 1$$
$$x_1 \geq v(\{1\}) = 0, \quad x_2 \geq v(\{2\}) = 0, \quad x_3 \geq v(\{3\}) = 0$$

を満たしていなければならず，さらに，全員提携を除く 2 人以上の提携に関する提携合理性の条件から，

$$x_1 + x_2 \geq v(\{1,2\}) = 1, \quad x_1 + x_3 \geq v(\{1,3\}) = 1,$$
$$x_2 + x_3 \geq v(\{2,3\}) = 0$$

を満たしていなければならない．全体合理性，個人合理性と提携 $\{1,2\}, \{1,3\}$ に関する提携合理性の条件から，

$$x_1 + x_2 = 1, \quad x_3 = 0, \quad x_1 + x_3 = 1, \quad x_2 = 0$$

したがって，

$$x_1 = 1, \quad x_2 = x_3 = 0$$

よって，例 1.2 におけるコアは，$\mathcal{C}(v) = \{(1,0,0)\}$ となり，1 つの配分のみから成る．1 億円を得るためには必ずプレイヤー 1 の協力を得る必要があるため，プレイヤー 2 と 3 の間で 1 との提携をめぐって競争がおき，その結果，プレイヤー 1 がすべての利得を得ることをこのコアは示している．

最後に例 1.3 のコアを求める．（ゼロ正規化された）特性関数は，

$$v'(\{1,2,3\}) = 20,$$
$$v'(\{1,2\}) = 6, \quad v'(\{1,3\}) = 0, \quad v'(\{2,3\}) = 8,$$
$$v'(\{1\}) = v'(\{2\}) = v'(\{3\}) = 0, \quad v'(\emptyset) = 0$$

である．コアに属する配分 $x' = (x_1', x_2', x_3')$ は，配分の条件，全体合理性と個人合理性から，

$$x_1' + x_2' + x_3' = v'(\{1,2,3\}) = 20$$
$$x_1' \geq v'(\{1\}) = 0, \quad x_2' \geq v'(\{2\}) = 0, \quad x_3' \geq v'(\{3\}) = 0$$

を満たしていなければならず，さらに，全員提携を除く 2 人以上の提携に関

する提携合理性の条件から，

$$x_1' + x_2' \geq v'(\{1,2\}) = 6, \quad x_1' + x_3' \geq v'(\{1,3\}) = 0$$
$$x_2' + x_3' \geq v'(\{2,3\}) = 8$$

基本三角形を用いると，例 1.3 のコアは図 1.2 のようにかなり大きな集合となる．

図 **1.2** 例 **1.3** のコア

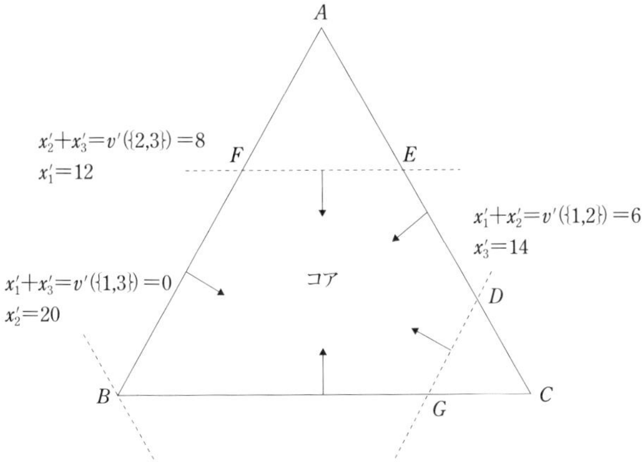

集合の形で表せば，

$$\mathcal{C}(v') = \{x' = (x_1', x_2', x_3') \in \mathbb{R}^3 \mid x_1' + x_2' + x_3' = 20, x_1', x_2', x_3' \geq 0,$$
$$x_1' + x_2' \geq 6, \ x_1' + x_3' \geq 0, \ x_2' + x_3' \geq 8\}$$

である．例 1.3 のゼロ正規化する前の特性関数のもとでのコア $\mathcal{C}(v)$ を求め，コアがゼロ正規化の影響を受けないことを確かめていただきたい．

　コアに属する配分は，どのような提携にも彼らが独自で得られる以上の利得を与え，不満を与えないものであり，したがって，安定な配分と考えられる．意味が直感的にとらえやすいことから，便益分配，費用分担などの解決案として適用例が多い．しかしながら，上の例からわかるように，空集合となることもあり，また非常に大きな集合となることもある．空集合であれば解決案を与えることはできないし，大きな集合であれば，何か 1 つの解決案がほしいと

きには不十分であろう．

1.5.3 コアの存在条件

例 1.1 でコアが空集合であったように，コアは常に存在するとは限らない．コア存在のための条件を明らかにしておこう．以下の議論は，Shapley [72] および Bondareva [14] によるものである．

特性関数形ゲーム (N,v) において，コアが非空となるのは，

$$\sum_{i \in N} x_i = v(N)$$

$$\sum_{i \in S} x_i \geq v(S) \quad \forall S \subseteq N, \ S \neq N, \emptyset$$

となる $x = (x_1, \cdots, x_n) \in \mathbb{R}^n$ が存在するときであり，そのときに限られる．

いま，線形計画問題

$$\min \ z = \sum_{i \in N} x_i$$

$$\text{s.t.} \sum_{i \in S} x_i \geq v(S) \quad \forall S \subseteq N, \ S \neq N, \emptyset$$

を考える．ゲーム (N,v) のコアが非空となるのは，この最小化問題の最小値 z^* が $v(N)$ を超えないときであり，そのときに限る．

この最小化問題の双対問題

$$\max \ w = \sum_{S \subseteq N, \ S \neq N, \emptyset} \gamma_S v(S)$$

$$\text{s.t.} \sum_{i \in S, \ S \subseteq N, \ S \neq N, \emptyset} \gamma_S = 1 \quad \forall i \in N$$

$$\gamma_S \geq 0 \quad \forall S \subseteq N, \ S \neq N, \emptyset$$

を考える．

最小化問題およびその双対問題である最大化問題は，容易にわかるようにいずれも実行可能解をもつ．したがって，線形計画問題における双対定理より，両問題ともに最適解をもち，両問題の最適値をそれぞれ z^*, w^* とすると，

$z^* = w^*$ である.

したがって, 次の定理が得られる.

定理 1.2. ゲーム (N, v) において, 非空なコアが存在するための必要十分条件は,

$$\sum_{i \in S,\ S \subseteq N,\ S \neq N, \emptyset} \gamma_S = 1 \quad \forall i \in N$$

を満たす任意の非負ベクトル $(\gamma_S)_{S \subseteq N,\ S \neq N, \emptyset}$ に対して,

$$\sum_{S \subseteq N,\ S \neq N, \emptyset} \gamma_S v(S) \leq v(N)$$

となることである.

この定理を提携を用いて書き直しておこう. N の空でない真部分集合の族 $\Gamma = \{S_1, S_2, \cdots, S_m\}$ をとる. いま, 正の実数 $\gamma_1, \gamma_2, \cdots, \gamma_m$[5)]が存在して, $\sum_{j=1,\ i \in S_j}^{m} \gamma_j = 1 \quad \forall i \in N$ が満たされるとき, Γ は**平衡集合族**と呼ばれ, $\gamma = (\gamma_1, \gamma_2, \cdots, \gamma_m)$ は**平衡ベクトル**と呼ばれる. 一般には, 1つの平衡集合族に対して複数個の平衡ベクトルが存在する. たとえば, $N = \{1, 2, 3\}$, $\Gamma = \{\{1,2\}, \{1,3\}, \{2,3\}, \{1\}, \{2\}, \{3\}\}$ とすると, $\gamma = (\gamma_1, \gamma_1, \gamma_1, 1 - 2\gamma_1, 1 - 2\gamma_1, 1 - 2\gamma_1)$ $(0 < \gamma_1 < 1/2)$ は, すべて Γ の平衡ベクトルとなる.

上の定理 1.2 は, 平衡集合族と平衡ベクトルを使って次のように言い換えることができる.

定理 1.3. ゲーム (N, v) において, 非空なコアが存在するための必要十分条件は, すべての平衡集合族 $\Gamma = \{S_1, S_2, \cdots, S_m\}$ とそれに対応するすべての平衡ベクトル $\gamma = (\gamma_1, \gamma_2, \cdots, \gamma_m)$ に対して,

---

[5)] 定理 1.2 において, $\gamma_S = 0$ となる γ_S は最初から除外しておいても影響はないので, 以下 $\gamma_S > 0$ となるものだけを考える.

$$\sum_{j=1}^{m} \gamma_j v(S_j) \leq v(N)$$

が成り立つことである．

1.6 安定集合

1.6.1 内部安定性と外部安定性

　安定集合は，von Neumann and Morgenstern [89] により定義された協力ゲームの最初の解であり，コアと同様支配に基づいて定義される．

定義 1.9. ゲーム (N, v) において，配分の集合 $\mathcal{V}(v) \subseteq \mathcal{I}(v)$ が次の 2 つの条件を満たすとき，$\mathcal{V}(v)$ を**安定集合**という．
(1) 任意の 2 つの配分 $x, y \in \mathcal{I}(v)$ に対して，$x \, dom \, y$ でもなく $y \, dom \, x$ でもない．
(2) 任意の配分 $z \notin \mathcal{V}(v)$ に対して，$x \, dom \, z$ となる配分 $x \in \mathcal{V}(v)$ が存在する．

　(1) は $\mathcal{V}(v)$ に属する 2 つの配分の間には支配関係がないことを表しており**内部安定性**と，また，(2) は $\mathcal{V}(v)$ に含まれない配分は必ず $\mathcal{V}(v)$ に含まれる配分によって支配されることを表しており**外部安定性**と呼ばれる．安定集合も配分の支配のみに基づいて定義される解であるから，戦略上同等な変換により影響を受けない．

　内部安定性と外部安定性，そして安定集合の意味するところを説明しておこう．まず，前節で述べたように，コアとは，どのような配分からも支配されない配分の集合であった．いま，コアに属さない配分 x をとる．コアの考えに従えば，これを支配する配分 y が存在するから，x は不安定になる．つまり，$y \, dom_S \, x$ となるある提携 S が存在するから，S は配分 y を用いて x を拒否する．したがって，x は安定な配分ではない．

　ここで，もし y もコアに属していないとするとどうであろうか．コアに属

していないから，y をある配分 z を用いて拒否する提携が存在し，y も安定な配分とはならない．y が安定な配分とはならないにもかかわらず，提携 S は，はたして配分 y を用いて x を拒否するであろうか．拒否するためには，S のメンバーが，配分 y は安定であるという確信をもっている必要があるのではないであろうか．この点を明確な形でとらえたのが安定集合である．

いま，プレイヤーの間に，「安定集合に属する配分は，それをどのような提携も拒否しないという意味で安定であり，安定集合に属さない配分は，それを拒否する提携が少なくとも 1 つ存在するという意味で不安定である」という共通の認識が形成されているとする．このとき，内部安定性と外部安定性は，この共通の認識が崩されることなく，プレイヤー間に続いていくための条件を与えている．

実際，内部安定性により，安定集合に属する配分は，たとえ支配されるとしても，支配する配分は安定集合に属さない不安定と考えられている配分である．したがって，拒否できる提携も拒否した後の配分が不安定であるから，拒否しないであろう．よって，安定集合に属する配分は，どの提携も拒否することなく安定であると考えられる．逆に，安定集合に属さない配分は，外部安定性より，安定集合に属する安定と考えられている配分により支配される．支配する配分は安定であるから，拒否できる提携は実際に拒否するであろう．したがって，安定集合に属さない配分は不安定であると考えられる．

1.6.2 例における安定集合

例 1.1，例 1.2，例 1.3 の安定集合を求めてみよう．まず例 1.1 からはじめる．例 1.1 の特性関数は，

$$v(\{1,2,3\}) = 1, \ v(\{1,2\}) = v(\{1,3\}) = v(\{2,3\}) = 1$$
$$v(\{1\}) = v(\{2\}) = v(\{3\}) = 0, \ v(\emptyset) = 0$$

である．

このゲームには 2 つのタイプの安定集合が存在する．1 つは，$(1/2, 1/2, 0)$, $(1/2, 0, 1/2)$, $(0, 1/2, 1/2)$ の 3 つの配分から構成されるものである．この 3 つの配分から成る集合は，どの配分についても，その中のどのプレイヤーの利

得をとりかえた配分もこの集合の中に入っているという意味で，集合として3人のプレイヤーに関して対称であり，**対称安定集合**と呼ばれる．この安定集合は，プレイヤーが支配に基づいて提携の形成と利得の分配について交渉した場合，$\{1,2\}$, $\{1,3\}$, $\{2,3\}$ のいずれかの2人提携が形成され提携内では利得を等しく分け合う状態が，安定な結果として得られることを示している．

いま1つは，$x_i = c$, $0 \leq c < 1/2$, $i = 1, 2$, または3の形をとるものであり，プレイヤー i が $x_i = c$ という利得を得て交渉からはずれ，あとの $1-c$ は残りの2人のプレイヤーの交渉に任される状態が，安定な結果として得られることを示している．この安定集合は，プレイヤー i が交渉において差別されているという意味で，**差別的安定集合**と呼ばれる．

このように，一般に1つのゲームに複数の異なるタイプの安定集合が存在する．対称安定集合，差別的安定集合については，それぞれ図1.3, 図1.4を参照していただきたい．

図 **1.3** 例 1.1 の対称安定集合

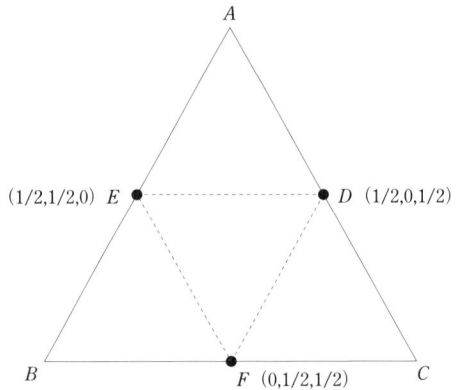

対称安定集合が，安定集合であることを簡単に証明しておこう．1.4節の最後に述べたように，3人ゲームでは支配は2人提携を通してのみ行われるから，3つの配分の形から，これらの間に支配関係がないことは明らかであろう．したがって，内部安定性が成り立つ．外部安定性を示すために，この3つの配分以外の配分 $x = (x_1, x_2, x_3)$ をとる．3つの配分とは異なるのであるから，要素の中に少なくとも2つ1/2より小さなものが存在する．一般性を

図 1.4 例 1.1 の差別的安定集合

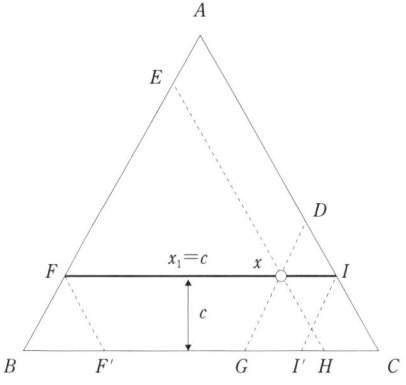

失うことなく,$x_1, x_2 < 1/2$ とすると,$1/2 + 1/2 = 1 = v(\{1,2\})$ であるから,支配の定義より,$(1/2, 1/2, 0) \, dom_{\{1,2\}} \, x$ となる.よって,外部安定性も成り立つ.

次に差別的安定集合が安定集合であることを示す.以下では,$i = 1$ の場合,つまり,$x_1 = c$,$0 \leq c < 1/2$ の場合について証明する.$i = 2, 3$ の場合も同様である.まず,内部安定性は,$x_1 = c$,したがって x_2 と x_3 の和は $1-c$ で一定であること,および,支配は 2 人提携を通してのみ行われることから明らかである.次に外部安定性を示す.図 1.4 を見ていただければわかるように,配分 x は,提携 $\{2,3\}$ を通して平行四辺形 $xDAE$ のうち線分 xE, xD を除く領域にある配分をすべて支配する.実際,この領域の任意の配分 $y = (y_1, y_2, y_3)$ をとると,図 1.4 よりわかるように,$x_2 > y_2$, $x_3 > y_3$ であり,さらに,$x_2 + x_3 = 1 - c \leq 1 = v(\{2,3\})$ であるから,$x \, dom_{\{2,3\}} \, y$ である.x を FI 上を動かした場合,平行四辺形 $xDAE$ は線分 FI を除く三角形 AFI をすべて覆う.したがって,線分 FI より上の部分は,FI 上の配分から支配される.次に,線分 FI の下側の領域を考える.図 1.4 からわかるように,平行四辺形 $xFBG$ のうち線分 xG と線分 xF を除く部分に属する配分は提携 $\{1,3\}$ を通して x から支配される.実際,この領域に属する配分 $y = (y_1, y_2, y_3)$ をとると,図 1.4 よりわかるように,$x_1 > y_1$, $x_3 > y_3$ であり,さらに,$x_1 + x_3 \leq 1 = v(\{1,3\})$ であるから,$x \, dom_{\{1,3\}} \, y$ である.

同様にして，平行四辺形 $xHCI$ のうち線分 xH と線分 xI を除く部分に属する配分は提携 $\{1,2\}$ を通して x から支配される．いま，x が線分 FI 上を動けば，平行四辺形 $FBI'I$（線分 II' は除く）および $FF'CI$（線分 FF' は除く）に属する配分はすべて支配される．$c < 1/2$ ゆえ，この2つの平行四辺形で，線分 FI より下の部分はすべて覆われるから，線分 FI より下の部分は FI 上の配分から支配される．したがって，外部安定性が成り立つ．

次に例 1.2 の安定集合を求めよう．例 1.2 の特性関数は次のように与えられる．

$$v(\{1,2,3\}) = 1,\ v(\{1,2\}) = v(\{1,3\}) = 1,\ v(\{2,3\}) = 0$$
$$v(\{1\}) = v(\{2\}) = v(\{3\}) = 0,\ v(\emptyset) = 0$$

例 1.2 においては，図 1.5 に示すように，頂点 A と辺 BC 上の1点を結び，A から BC に向かう際に x_1 は単調に非増加であり，x_2, x_3 はともに非減少であるような曲線がすべて安定集合となる．この安定集合は，プレイヤーの交渉の結果，1つの安定集合の中の1点が安定な結果として得られることを示しており，**交渉曲線**と呼ばれる．どのような交渉曲線になるか，また交渉曲線のどの点が安定な結果になるかは，プレイヤーの交渉力による．たとえば，プレイヤー1の交渉力がプレイヤー2，3に比べて非常に強ければ，利得をすべてプレイヤー1が得ること（図 1.5 の点 A）もあるし，逆にプレイヤー2，3の交

図 1.5　例 1.2 の交渉曲線

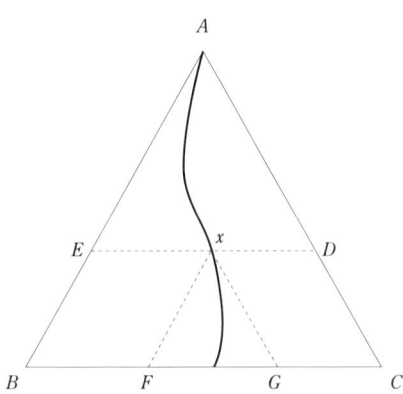

渉力が非常に強ければ，プレイヤー 1 はまったく利得を得られないこと（図 1.5 の辺 BC 上の点）もある．プレイヤー 2 の交渉力がプレイヤー 3 に比べて強ければ，交渉曲線は基本三角形 ABC の左側に位置するであろうし，プレイヤー 3 の交渉力が強ければ基本三角形の右側に位置するであろう．

交渉曲線が安定集合となることを示しておこう．まず，$v(\{2,3\}) = 0$ ゆえ，支配は提携 $\{1,2\}$ または $\{1,3\}$ を通してのみ行われることに注意すれば，x_1 は単調に減少し，x_2, x_3 は単調に増加することから，内部安定性は明らかである．次に外部安定性を示す．いま，曲線上の 1 点 x をとると，平行四辺形 $xEBF$（線分 xE, xF は除く）に属するすべての配分は，x によって提携 $\{1,3\}$ を通して支配され，平行四辺形 $xGCD$（線分 xG, xD は除く）に属するすべての配分は，x によって提携 $\{1,2\}$ を通して支配される．x が曲線上を A から辺 BC 上の点まで動けば，平行四辺形 $xEBF$ は曲線の左側の領域をすべて覆い，平行四辺形 $xGCD$ は曲線の右側の領域をすべて覆う．したがって，曲線上にないいかなる配分も曲線上のある配分から支配される．よって，外部安定性が成り立つ．

例 1.1，例 1.2 においては，上で示した以外の形の安定集合は存在しないことが，von Neumann and Morgenstern [89] によって示されている．

次に例 1.3 の安定集合を求める．例 1.3 の（ゼロ正規化された）特性関数は次のように与えられる．

$$v'(\{1,2,3\}) = 20,$$
$$v'(\{1,2\}) = 6,\ v'(\{1,3\}) = 0,\ v'(\{2,3\}) = 8$$
$$v'(\{1\}) = v'(\{2\}) = v'(\{3\}) = 0,\ v'(\emptyset) = 0$$

この例では，コア自身が安定集合となる．図 1.6 を参照していただきたい．まず，コアはどのような配分からも支配されない配分の集合であるから，内部安定性は明らかに成り立つ．外部安定性を示すために，コアに属さない領域を考える．まず，図 1.6 の三角形 AFE（線分 FE は除く）をとる．線分 FE 上の配分 x' をとると，$x'_2 + x'_3 = v'(\{2,3\})$ であるから，平行四辺形 $x'HAI$（線分 $x'H, x'I$ は除く）内の配分は x' から提携 $\{2,3\}$ を通して支配される．した

図 1.6 例 1.3 のただ 1 つの安定集合

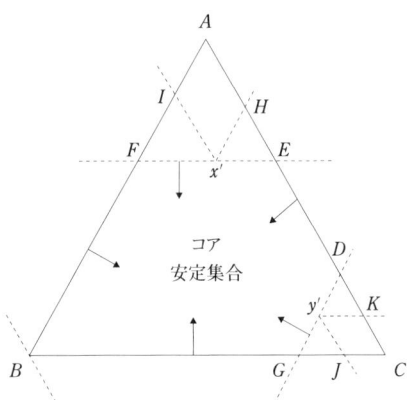

がって，三角形 AFE（線分 FE は除く）に属する配分はすべて線分 FE 上の配分から支配される．同様にして，三角形 CDG（線分 DG は除く）に属する配分はすべて，線分 DG 上の配分から支配される．したがって，外部安定性が成り立つ．

例 1.3 においても安定集合はこれ以外には存在しない．これについては次節の定理 1.5 を参照していただきたい．

1.6.3 安定集合の存在

安定集合は 3 人ゲームにおいては必ず存在し，どのような集合になるかも明らかにされている．また，4 人ゲームにおいても少なくとも 1 つの安定集合が存在することが，知られている．

しかしながら，プレイヤーの数が多くなると，安定集合は必ずしも存在しない．以下に与えるゲームは，1968 年に Lucas [43] により示された安定集合をもたない 10 人ゲームである．

例 1.4 (安定集合の存在しないゲーム)．

$$N = \{1, \cdots, 10\}$$
$$v(N) = 5,\ v(\{1,3,5,7,9\}) = 4$$

$$v(\{3,5,7,9\}) = v(\{1,5,7,9\}) = v(\{1,3,7,9\}) = 3$$
$$v(\{1,4,7,9\}) = v(\{3,6,7,9\}) = v(\{5,2,7,9\}) = 2$$
$$v(\{3,5,7\}) = v(\{1,5,7\}) = v(\{1,3,7\}) = 2$$
$$v(\{3,5,9\}) = v(\{1,5,9\}) = v(\{1,3,9\}) = 2$$
$$v(\{1,2\}) = v(\{3,4\}) = v(\{5,6\}) = v(\{7,8\}) = v(\{9,10\}) = 1$$

このゲームは優加法的なゲームではないが，このゲームをもとに，優加法的でかつ安定集合の存在しないゲームをつくることができる．このゲームが安定集合をもたないことなど詳しくは，Lucas [43] または Owen [61] を参照していただきたい．このゲームは安定集合は存在しないが，非空なコアが存在する．安定集合が存在せずしかもコアが空となるゲームも，Lucas and Rabie [44] により見出されている．

安定集合は常に存在するとは限らないが，安定集合の存在が示され，その形が求められているゲームのクラスも数多く存在する．しかも，先に例 1.1，例 1.2 において見たように，提携関係の形成などプレイヤーの行動が安定集合により明らかになる例も数多く知られている．

安定集合とコアはともに配分の支配に基づいて定義された解であり，密接な関連をもっている．次にそれを説明しておこう．

1.6.4 安定集合とコア

安定集合とコアに関して次の 2 つの定理が成り立つ．

定理 1.4. ゲーム (N, v) において，コア $\mathcal{C}(v) \neq \emptyset$ でありかつ安定集合も存在するならば，任意の安定集合 $\mathcal{V}(v)$ に対して，$\mathcal{C}(v) \subseteq \mathcal{V}(v)$ である．

証明． $x \in \mathcal{C}(v)$ で，ある安定集合 $\mathcal{V}(v)$ に属さないものが存在したとする．$x \notin \mathcal{V}(x)$ ゆえ，外部安定性より $y \in \mathcal{V}(v)$ で $y\ dom\ x$ となるものが存在する．これは，$x \in \mathcal{C}(v)$ に反する． □

定理 1.5. ゲーム (N, v) において，コア $\mathcal{C}(v) \neq \emptyset$ でありそれ自身安定集合であれば，$\mathcal{C}(v)$ 以外には安定集合は存在しない．

証明. $\mathcal{C}(v)$ 以外に安定集合 $\mathcal{V}(v)$ が存在すれば，定理 1.4 より，$\mathcal{C}(v) \subset \mathcal{V}(v)$. いま，$x \in \mathcal{V}(v) \setminus \mathcal{C}(v)$ をとると，$\mathcal{C}(v)$ 自身が安定集合であることにより，$y \in \mathcal{C}(v)$ で $y \, \text{dom} \, x$ となる配分 y が存在する．$\mathcal{C}(v) \subset \mathcal{V}(v)$ ゆえ，$y \in \mathcal{V}(v)$，これは，$\mathcal{V}(v)$ の内部安定性に反する． □

コア自身が安定集合であれば，コアの配分は他のいかなる配分からも支配されず，しかもコアの外部の配分をすべて支配するから，非常に強い安定性をもつ．このようなコアを**安定コア**という．

1.7 交渉集合

1.7.1 異議と逆異議

交渉集合は，Aumann and Maschler [10] によって定義された解であり，プレイヤーの交渉を，配分に対する異議およびそれに対する逆異議という形でとらえる．

定義 1.10. ゲーム (N, v) において，配分 $x \in \mathcal{I}(v)$ と 2 人のプレイヤー $i, j \in N$ をとる．いま，$i \in S$, $j \notin S$ なる提携 $S \subseteq N$ と，配分 $y \in \mathcal{I}(v)$ が存在して，
(1) $\sum_{k \in S} y_k \leq v(S)$
(2) $y_k > x_k \quad \forall k \in S$
の 2 つの条件が満たされるとする．このとき，配分 x においてプレイヤー i は j に対して**異議** (y, S) をもつという．

プレイヤー i が j に対して異議 (y, S) をもつとき，i は，j の助けなしに新しい提携 S をつくり，自分自身はもちろん S のすべてのメンバーに対して配分 x における利得よりも大きな利得を与える配分 y を実現することができる．

定義 1.10 の (1) は S による配分 y の実現可能性を保証する条件である．したがって，このような配分 y の可能性を示し，i は j に対して x における自らの利得 x_i よりも大きな利得を要求することができる．

次にプレイヤー i の異議に対する j の逆異議を定義する．

定義 1.11. プレイヤー i の j に対する異議 (y, S) に対して，$i \notin T$, $j \in T$ なる提携 $T \subseteq N$ と，配分 $z \in \mathcal{I}(v)$ が存在して，

(1) $\sum_{k \in T} z_k \leq v(T)$
(2) $z_k \geq x_k \quad \forall k \in T \setminus S$
(3) $z_k \geq y_k \quad \forall k \in T \cap S$

の 3 つの条件が満たされるとき，プレイヤー j は，i の異議 (y, S) に対する**逆異議** (z, T) をもつという．

プレイヤー j は，プレイヤー i を含まない提携 T をつくり，i の異議 (y, S) の提携 S に含まれているプレイヤーには y における利得以上を，また，含まれていないプレイヤーには最初の配分 x における利得以上を保証する配分 z を実現することができる．したがって，逆異議 (z, T) を示すことにより，j は異議 (y, S) に基づく i の要求を拒否することができる．

交渉集合の理論では，ある配分において，どのプレイヤーも異議をもたないか，あるプレイヤーが異議をもったとしても異議を出されたプレイヤーがそれに対する逆異議をもつとき，その配分は安定であると考える．

定義 1.12. 配分 $x \in \mathcal{I}(v)$ において，どのプレイヤーも異議をもたないか，ないしは異議をもつプレイヤーがいたとしても，それに対する逆異議が存在するとき，配分 x は**安定**であるといい，安定な配分の全体を**交渉集合**という．

以下，ゲーム (N, v) の交渉集合を $\mathcal{B}(v)$ で表す．異議，逆異議ともに，ゲームの戦略上同等な変換により影響を受けない．（読者自身で確かめていただきたい．）したがって，交渉集合も戦略上同等な変換により影響を受けない．

交渉集合および次節以降で解説するカーネル，仁はいずれも，通常は，各

プレイヤーの分割[6]（協力ゲームでは**提携構造**と呼ぶ）の上で定義されている（Aumann and Maschler [10], Davis and Maschler [18] を参照）．説明を簡単にするために，本書では，全員提携 N の上で定義したものに議論を絞ることとする．

1.7.2 例における交渉集合

例 1.1，例 1.2，例 1.3 の交渉集合を求めてみよう．まず例 1.1 からはじめる．例 1.1 の特性関数は，

$$v(\{1,2,3\}) = 1, \quad v(\{1,2\}) = v(\{1,3\}) = v(\{2,3\}) = 1$$
$$v(\{1\}) = v(\{2\}) = v(\{3\}) = 0, \quad v(\emptyset) = 0$$

である．

この例では，1 点集合 $\{(1/3,1/3,1/3)\}$ が交渉集合となる．まず，配分 $\{(1/3,1/3,1/3)\}$ が安定であることを示す．この配分に対する任意の異議をとる．一般性を失うことなく，プレイヤー 1 からプレイヤー 2 に対する異議であるとする．異議を $(y,\{1,3\})$, $y \in \mathcal{I}(v)$ と表すと，

$$y_1 + y_3 \leq v(\{1,3\}), \quad y_1 > 1/3, \, y_3 > 1/3$$

である．$y \in \mathcal{I}(v)$ ゆえ，$y_2 < 1/3$ である．いま，配分 $z = (z_1, z_2, z_3) \in \mathcal{I}(v)$ を

$$z_2 = 1/3, \quad z_3 = y_3, \quad z_1 = 1 - (z_2 + z_3)$$

によって定義すると，$(z, \{2,3\})$ はプレイヤー 2 の逆異議になる．実際，$z_2 = 1/3 = x_2$, $z_3 = y_3$ であり，

$$z_2 + z_3 = 1/3 + y_3 < y_1 + y_3 \leq v(\{1,3\}) = 1 = v(\{2,3\})$$

となる．

次に，$(1/3, 1/3, 1/3)$ 以外の配分は安定にならないことを示す．$(1/3, 1/3, 1/3)$ 以外の任意の配分 $x = (x_1, x_2, x_3)$ をとる．一般性を失うことなく，$x_1 \leq$

---

[6] $S_1 \cup \cdots \cup S_m = N, S_j \cap S_{j'} = \emptyset \ \forall j, \, j' = 1, \cdots, m, \, j \neq j'$ となる N の部分集合の組 $(S_1 \cdots S_m)$ を N の分割という．

$x_2 \leq x_3$ とすると, $x \neq (1/3, 1/3, 1/3)$ ゆえ, $x_1 < x_3$ である. いま, $\epsilon < (x_3 - x_1)/2$ となる正の実数 ϵ をとり, 配分

$$y = (y_1, y_2, y_3) = (x_1 + \epsilon,\ 1 - (x_1 + 2\epsilon),\ \epsilon)$$

をとると, $y_1 > x_1$ であり, かつ,

$$y_2 - x_2 = 1 - (x_1 + 2\epsilon) - x_2 > 1 - x_2 - x_3 \geq 0$$

ゆえ, $y_2 > x_2$ となる. さらに, $y_1 + y_2 = 1 - \epsilon < 1 = v(\{1,2\})$ であるから, $(y, \{1,2\})$ は, x におけるプレイヤー 1 のプレイヤー 3 に対する異議となる. $x_3 > x_1 \geq 0$ で $v(\{3\}) = 0$ ゆえ, プレイヤー 3 独自による異議は存在しない. 次にプレイヤー 2 との提携によるプレイヤー 3 の逆異議 $(z, \{2,3\})$ を考えると,

$$z_2 \geq y_2 = 1 - (x_1 + 2\epsilon),\quad z_3 \geq x_3,\quad z_2 + z_3 \leq v(\{2,3\}) = 1$$

でなければならない. 最初の 2 つの不等式と ϵ のとり方より,

$$z_2 + z_3 \geq 1 - (x_1 + 2\epsilon) + x_3 > 1 = v(\{2,3\})$$

となり, 矛盾が導かれる. したがって, $(y, \{1,2\})$ に対するプレイヤー 3 の逆異議は存在せず, x は安定ではない.

次に例 1.2 の交渉集合を求めよう. 例 1.2 の特性関数は次のように与えられる.

$$v(\{1,2,3\}) = 1,\quad v(\{1,2\}) = v(\{1,3\}) = 1,\quad v(\{2,3\}) = 0$$
$$v(\{1\}) = v(\{2\}) = v(\{3\}) = 0,\quad v(\emptyset) = 0$$

このゲームのコアは 1 点集合 $\{(1,0,0)\}$ であったが, これ自身交渉集合ともなる. 後に定理 1.6 で示すように, 一般にコアは交渉集合に含まれる. したがって, 以下では, コアに属さない配分はすべて不安定であることを示す. コアに属さない任意の配分 $x = (x_1, x_2, x_3)$, $x_1 < 1$ をとる. 一般性を失うことなく, $x_2 \geq x_3$ とする. もし, $x_2 = 0$ であれば, $x_1 + x_2 + x_3 < 1$ となって, x が配分であることに矛盾. したがって, $x_2 > 0$ であり, $x_1 + x_3 < 1$ である.

配分 $y = (y_1, y_2, y_3)$ を，$y_1 = x_1 + \epsilon$, $y_2 = \epsilon'$, $y_3 = x_3 + \epsilon''$ により定義する．ここで，$\epsilon, \epsilon', \epsilon''$ は，$\epsilon + \epsilon' + \epsilon'' = 1 - (x_1 + x_3)$ を満たす正の実数である．このとき，容易に確かめられるように，$(y, \{1,3\})$ は，プレイヤー 1 のプレイヤー 2 に対する異議となる．$x_2 > 0$, $y_3 > 0$ で $v(\{2\}) = v(\{2,3\}) = 0$ ゆえ，この異議に対するプレイヤー 2 の逆異議は存在しない．したがって，x は不安定である．

次に例 1.3 の交渉集合を求める．例 1.3 の（ゼロ正規化された）特性関数は次のように与えられる．

$$v'(\{1,2,3\}) = 20,$$
$$v'(\{1,2\}) = 6, \quad v'(\{1,3\}) = 0, \quad v'(\{2,3\}) = 8$$
$$v'(\{1\}) = v'(\{2\}) = v'(\{3\}) = 0, \quad v'(\emptyset) = 0$$

このゲームでは，コア自身安定集合であったが，コアは交渉集合ともなる．上の例 1.2 と同様，以下では，コアに属さない配分はすべて不安定であることを示す．コアに属さない任意の配分 $x' = (x'_1, x'_2, x'_3)$ をとると，$x'_1 + x'_2 < 6$, $x'_2 + x'_3 < 8$ の少なくとも一方が成り立つ．まず，$x'_1 + x'_2 < 6$ とし，配分 $y' = (y'_1, y'_2, y'_3)$ を，$y'_1 = x'_1 + \epsilon$, $y'_2 = x'_2 + \epsilon'$, $y'_3 = 14$ により定義する．ここで，ϵ, ϵ' は，$\epsilon + \epsilon' = 6 - (x_1 + x_2)$ を満たす正の実数である．このとき，$(y', \{1,2\})$ はプレイヤー 2 の 3 に対する異議となる．$x'_1 + x'_2 < 6$ ゆえ $x'_3 > 14$，また $v'(\{3\}) = v'(\{1,3\}) = 0$ より，プレイヤー 3 の 2 の異議に対する逆異議は存在しない．$x_2 + x_3 < 8$ の場合には，配分 $z' = (z'_1, z'_2, z'_3)$ を，$z'_1 = 12$, $z'_2 = x'_2 + \epsilon$, $z'_3 = x'_3 + \epsilon'$, により定義する．ここで，ϵ, ϵ' は，$\epsilon + \epsilon' = 8 - (x'_2 + x'_3)$ を満たす正の実数である．このとき，$(z', \{2,3\})$ はプレイヤー 2 の 1 に対する異議となる．$x'_1 > 12$ で $v'(\{1\}) = v'(\{1,3\}) = 0$ ゆえ，プレイヤー 1 の 2 の異議に対する逆異議は存在しない．したがって，x' は不安定である．

1.7.3 交渉集合の性質

交渉集合は常に非空であり，さらに，コアは必ず交渉集合に含まれる．存在証明については，Peleg [62] を参照していただきたい．本書では，後に仁という解の存在を示し，仁は必ず交渉集合に含まれることを示すことによって，交渉集合の存在を示す．ここでは，コアが必ず交渉集合に含まれることを示しておこう．

定理 1.6. ゲーム (N,v) において，コア，交渉集合を $\mathcal{C}(v)$，$\mathcal{B}(v)$ とすると，$\mathcal{C}(v) \subseteq \mathcal{B}(v)$．

証明. $\mathcal{C}(v) = \emptyset$ であれば明らか．$\mathcal{C}(v) \neq \emptyset$ とする．$\mathcal{C}(v) \subseteq \mathcal{B}(v)$ でないとし，$x \in \mathcal{C}(v) \setminus \mathcal{B}(v)$ をとる．$x \notin \mathcal{B}(v)$ ゆえ，あるプレイヤー i からあるプレイヤー j への異議が存在する．つまり，ある提携 S, $i \in S$, $j \notin S$ と，$y_k > x_k$ $\forall k \in S$, $\sum_{k \in S} y_k \leq v(S)$ となる配分 y が存在する．したがって，

$$\sum_{k \in S} x_k < \sum_{k \in S} y_k \leq v(S)$$

となるが，これは $x \in \mathcal{C}(v)$ に矛盾する． □

1.8 カーネル

1.8.1 提携の不満とプレイヤーの優位性

カーネルは，Davis and Maschler [18] によって考えられた解であり，交渉集合と同じように2人のプレイヤーの間の交渉をもとに配分の安定性を考える．

まず，コアのところで定義した配分に対する提携の不満を思い出していただきたい．いま，配分 $x \in \mathcal{I}(v)$ と提携 $S \subseteq N$ をとるとき，$e(S,x) = v(S) - \sum_{i \in S} x_i$ を配分 x に対する提携 S の不満という．カーネルでは，この不満の概念をもとに，交渉におけるプレイヤー間の優位性を考える．

2人のプレイヤー $i,j \in N$ をとり，

$$\mathbf{T}_{ij} = \{S \subseteq N \mid i \in S,\ j \notin S\}$$

とおく．$\mathbf{T}_{ij}$ は，プレイヤー i が j の助けなしにつくることのできる提携の全体である．

定義 1.13. 2 人のプレイヤー i, j と配分 x について，

$$s_{ij}(x) = \max_{S \in \mathbf{T}_{ij}} e(S, x)$$

を配分 x におけるプレイヤー i の j に対する**最大不満**という．

つまり，配分 x において，プレイヤー i が j の助けなしに作れる提携の中での最大の不満の量である．

2 人のプレイヤーに関して，この最大不満の量を比べ，より大きい不満をもつプレイヤーは，そうでないプレイヤーに対してより大きな利得を要求でき，配分 x において優位に立つと考える．

定義 1.14. 2 人のプレイヤー i, j と配分 x について，

$$s_{ij}(x) > s_{ji}(x),\quad x_j > v(\{j\})$$

となるとき，配分 x において，プレイヤー i はプレイヤー j よりも優位であるといい，$i \succ_x j$ と書く．

ここで，条件 $x_j > v(\{j\})$ が必要なのは，$x_j = v(\{j\})$ であれば，j はこれより少しでも利得が少なくなれば全員提携に留まる動機をもたず，したがって，プレイヤー i はこれ以上の利得を j に要求できないことによる．

定義 1.15. 2 人のプレイヤー i, j と配分 x について，$i \succ_x j$ でもなく，$j \succ_x i$ でもないとき，i と j は x において均衡状態にあるといい，$i \sim_x j$ と書く．

定義 1.16. 任意の 2 人のプレイヤーが均衡状態にあるような配分の全体

$$\mathcal{K} = \{x \in \mathcal{I}(v) \mid i \sim_x j \ \ \forall i, j \in N, i \neq j\}$$

をカーネルという.

定義 1.14 のプレイヤーの優位性の定義は,ゲームの戦略上同等な変換に影響を受けないことを確かめていただきたい.したがって,カーネルは戦略上同等な変換により影響を受けない.

次節において例 1.1,例 1.2,例 1.3 のカーネルを実際に求めるが,そのために,$i \sim_x j$ となるためにはどのような条件が成り立っていなければならないかを詳しくみておこう.$i \sim_x j$ となるのは,x において i, j ともに相手より優位にならないときである.よって,$x \in \mathcal{I}(v)$ ゆえ $x_i \geq v(\{i\})$, $x_j \geq v(\{j\})$ となることに注意すれば,定義 1.14 より,$i \sim_x j$ となるには,$s_{ij}(x) \leq s_{ji}(x)$ かつ $s_{ji}(x) \leq s_{ij}(x)$,したがって $s_{ji}(x) = s_{ij}(x)$,となるか,$s_{ij}(x) > s_{ji}(x)$ ならば $x_j = v(\{j\})$,$s_{ji}(x) > s_{ij}(x)$ ならば $x_i = v(\{i\})$ となっていなければならない.

1.8.2 例におけるカーネル

例 1.1,例 1.2,例 1.3 のカーネルを求めてみよう.例 1.1 の特性関数は,

$$v(\{1,2,3\}) = 1, \ v(\{1,2\}) = v(\{1,3\}) = v(\{2,3\}) = 1$$
$$v(\{1\}) = v(\{2\}) = v(\{3\}) = 0, \ v(\emptyset) = 0$$

である.したがって,各プレイヤーの間の最大不満は,

$$\begin{aligned}
s_{12}(x) &= \max \ (v(\{1,3\}) - x_1 - x_3, v(\{1\}) - x_1) \\
&= \max \ (1 - x_1 - x_3, -x_1) \\
s_{21}(x) &= \max \ (v(\{2,3\}) - x_2 - x_3, v(\{2\}) - x_2) \\
&= \max \ (1 - x_2 - x_3, -x_2) \\
s_{13}(x) &= \max \ (v(\{1,2\}) - x_1 - x_2, v(\{1\}) - x_1) \\
&= \max \ (1 - x_1 - x_2, -x_1)
\end{aligned}$$

$$s_{31}(x) = \max\ (v(\{2,3\}) - x_2 - x_3,\ v(\{3\}) - x_3)$$
$$= \max\ (1 - x_2 - x_3, -x_3)$$
$$s_{23}(x) = \max\ (v(\{1,2\}) - x_1 - x_2,\ v(\{2\}) - x_2)$$
$$= \max\ (1 - x_1 - x_2, -x_2)$$
$$s_{32}(x) = \max\ (v(\{1,3\}) - x_1 - x_3,\ v(\{3\}) - x_3)$$
$$= \max\ (1 - x_1 - x_3, -x_3)$$

x は配分ゆえ,どのような $i, j = 1, 2, 3,\ i \neq j$ に関しても,$1 - x_i - x_j \geq -x_j$ が成り立つ.したがって,

$$s_{12}(x) = 1 - x_1 - x_3,\ s_{21}(x) = 1 - x_2 - x_3,\ s_{13}(x) = 1 - x_1 - x_2$$
$$s_{31}(x) = 1 - x_2 - x_3,\ s_{23}(x) = 1 - x_1 - x_2,\ s_{32}(x) = 1 - x_1 - x_3$$

である.$s_{12}(x) > s_{21}(x)$ ならば,$x_1 < x_2$ となるから,$x_2 = v(\{2\}) = 0$ であれば,$x_1 < 0 = v(\{1\})$ となって矛盾.同様に,$s_{21}(x) > s_{12}(x)$ ならば,$x_2 < x_1$ となるから,$x_1 = v(\{1\}) = 0$ であれば,$x_2 < 0 = v(\{2\})$ となって矛盾.したがって,前節の最後に述べたことより,$1 \sim_x 2$ となるためには,$s_{12}(x) = s_{21}(x)$,つまり,$x_1 = x_2$ とならなければならない.同様にして,$1 \sim_x 3$ となるためには $x_1 = x_3$ が,$2 \sim_x 3$ となるためには $x_2 = x_3$ が成り立たなければならない.$x \in \mathcal{K}(v)$ となるためには,$i \sim_x j\ \forall i, j = 1, 2, 3,\ i \neq j$ となっていなければならないから,x が配分であることに注意すれば,$x_1 = x_2 = x_3 = 1/3$,したがって,カーネルは $\{(1/3, 1/3, 1/3)\}$ である.

次に例 1.2 のカーネルを求める.例 1.2 の特性関数は次のように与えられる.

$$v(\{1,2,3\}) = 1,\ \ v(\{1,2\}) = v(\{1,3\}) = 1,\ \ v(\{2,3\}) = 0$$
$$v(\{1\}) = v(\{2\}) = v(\{3\}) = 0,\ \ v(\emptyset) = 0$$

したがって,各プレイヤーの間の最大不満は,

$$s_{12}(x) = \max\ (v(\{1,3\}) - x_1 - x_3,\ v(\{1\}) - x_1)$$
$$= \max\ (1 - x_1 - x_3, -x_1)$$
$$s_{21}(x) = \max\ (v(\{2,3\}) - x_2 - x_3,\ v(\{2\}) - x_2)$$
$$= \max\ (-x_2 - x_3, -x_2)$$
$$s_{13}(x) = \max\ (v(\{1,2\}) - x_1 - x_2,\ v(\{1\}) - x_1)$$
$$= \max\ (1 - x_1 - x_2, -x_1)$$
$$s_{31}(x) = \max\ (v(\{2,3\}) - x_2 - x_3,\ v(\{3\}) - x_3)$$
$$= \max\ (-x_2 - x_3, -x_3)$$
$$s_{23}(x) = \max\ (v(\{1,2\}) - x_1 - x_2,\ v(\{2\}) - x_2)$$
$$= \max\ (1 - x_1 - x_2, -x_2)$$
$$s_{32}(x) = \max\ (v(\{1,3\}) - x_1 - x_3,\ v(\{3\}) - x_3)$$
$$= \max\ (1 - x_1 - x_3, -x_3)$$

x は配分ゆえ,どのような $i, j = 1, 2, 3$, $i \neq j$ に関しても,$1 - x_i - x_j \geq -x_j$, $-x_i - x_j \leq -x_i$ が成り立つ.したがって,

$$s_{12}(x) = 1 - x_1 - x_3,\ s_{21}(x) = -x_2,\ s_{13}(x) = 1 - x_1 - x_2$$
$$s_{31}(x) = -x_3,\ s_{23}(x) = 1 - x_1 - x_2,\ s_{32}(x) = 1 - x_1 - x_3$$

である.$s_{12}(x) = 1 - x_1 - x_3$, $s_{21}(x) = -x_2$ ゆえ,$s_{12}(x) \geq s_{21}(x)$ で,$s_{12}(x) > s_{21}(x)$ であれば,$x_2 > 0$ であることに注意すれば,$1 \sim_x 2$ となるためには,$s_{12}(x) = s_{21}(x)$, つまり,$x_1 + x_3 = 1$, $x_2 = 0$ とならなければならない.同様にして,$1 \sim_x 3$ となるためには,$s_{13}(x) = s_{31}(x)$, つまり,$x_1 + x_2 = 1$, $x_3 = 0$ とならなければならない.例 1.1 におけると同様にして,$2 \sim_x 3$ となるためには,$x_2 = x_3$ が成り立たなければならない.$x \in \mathcal{K}(v)$ となるためには,$i \sim_x j\ \forall i, j = 1, 2, 3$, $i \neq j$ となっていなければならないから,カーネルは $\{(1, 0, 0)\}$ である.

次に例 1.3 のカーネルを求める.例 1.3 の(ゼロ正規化された)特性関数は次のように与えられる.

$$v'(\{1,2,3\}) = 20,$$
$$v'(\{1,2\}) = 6, \quad v'(\{1,3\}) = 0, \quad v'(\{2,3\}) = 8$$
$$v'(\{1\}) = v'(\{2\}) = v'(\{3\}) = 0, \quad v'(\emptyset) = 0$$

したがって，各プレイヤーの間の最大不満は，

$$\begin{aligned}
s_{12}(x') &= \max\ (v'(\{1,3\}) - x'_1 - x'_3,\ v'(\{1\}) - x'_1) \\
&= \max\ (-x'_1 - x'_3, -x'_1) \\
s_{21}(x') &= \max\ (v'(\{2,3\}) - x'_2 - x'_3,\ v'(\{2\}) - x'_2) \\
&= \max\ (8 - x'_2 - x'_3, -x'_2) \\
s_{13}(x') &= \max\ (v'(\{1,2\}) - x'_1 - x'_2,\ v'(\{1\}) - x'_1) \\
&= \max\ (6 - x'_1 - x'_2, -x'_1) \\
s_{31}(x') &= \max\ (v'(\{2,3\}) - x'_2 - x'_3,\ v'(\{3\}) - x'_3) \\
&= \max\ (8 - x'_2 - x'_3, -x'_3) \\
s_{23}(x') &= \max\ (v'(\{1,2\}) - x'_1 - x'_2,\ v'(\{2\}) - x'_2) \\
&= \max\ (6 - x'_1 - x'_2, -x'_2) \\
s_{32}(x') &= \max\ (v'(\{1,3\}) - x'_1 - x'_3,\ v'(\{3\}) - x'_3) \\
&= \max\ (-x'_1 - x'_3, -x'_3)
\end{aligned}$$

それぞれ 2 つの要素の大小を比較すると，

$$s_{12}(x') = -x'_1$$

$$s_{21}(x') = \begin{cases} 8 - x'_2 - x'_3 = -12 + x'_1 & x'_3 \leq 8\text{ のとき} \\ -x'_2 & x'_3 > 8\text{ のとき} \end{cases}$$

$$s_{13}(x') = \begin{cases} 6 - x'_1 - x'_2 & x'_2 \leq 6\text{ のとき} \\ -x'_1 & x'_2 > 6\text{ のとき} \end{cases}$$

1.8 カーネル

$$s_{31}(x') = \begin{cases} 8 - x'_2 - x'_3 & x'_2 \leq 8 \text{ のとき} \\ -x'_3 & x'_2 > 8 \text{ のとき} \end{cases}$$

$$s_{23}(x') = \begin{cases} 6 - x'_1 - x'_2 & x'_1 \leq 6 \text{ のとき} \\ -x'_2 & x'_1 > 6 \text{ のとき} \end{cases}$$

$$s_{32}(x') = -x'_3$$

である．$s_{12}(x') > s_{21}(x')$ となるのは，$x'_3 \leq 8$ であれば，$-x'_1 > -12 + x'_1$，したがって $x'_1 < 6$ のときであり，このとき，$x'_2 = 0$ となることはない．実際，$x'_2 = 0$ であれば，$x'_1 + x'_2 + x'_3 < 14$ となり，矛盾．もし $x'_3 > 8$ であれば，$-x'_1 > -x'_2$，したがって $x'_1 < x'_2$ のときであり，$x'_2 = 0$ であれば，$x'_1 < 0$ となり，矛盾．同様にして，$s_{21}(x') > s_{12}(x')$ ならば $x'_1 = 0$ とはならないことが示される．同様にして，すべての $i, j = 1, 2, 3$, $i \neq j$ に対して，$s_{ij}(x') > s_{ji}(x')$ かつ $x'_j = 0$ とならないことが示される．(読者自身で確かめていただきたい．) したがって，カーネルはすべての $i, j = 1, 2, 3$, $i \neq j$ に関して $s_{ij}(x') = s_{ji}(x')$ となる配分から構成される．等式をとくと，解は $x'_1 = 6$, $x'_2 = x'_3 = 7$ のみであり，したがって，カーネルは $\{(6, 7, 7)\}$ である．図 1.7 を参照していただきたい．

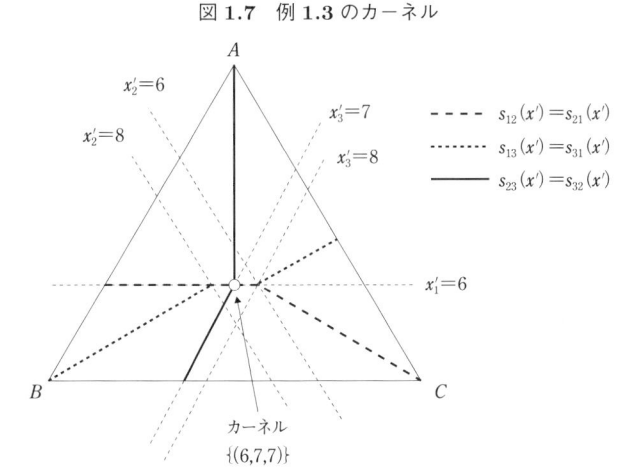

図 **1.7** 例 **1.3** のカーネル

前節で示したように,例 1.1, 例 1.2 の交渉集合は 1 点集合 $\{(1/3, 1/3, 1/3)\}$, $\{(1,0,0)\}$ であった.また,例 1.3 では,コア自身が交渉集合であり,上で求めた $(6,7,7)$ はコアに属する.したがって,これらの例では,いずれもカーネルは交渉集合の部分集合となる.次に,これが一般に成り立つことを示そう.

1.8.3　カーネルの性質

次の定理 1.7 に示すように,カーネルは常に交渉集合に含まれる.さらに,カーネルは次節で説明する仁を常に含む.次節で示すように仁は必ず存在するから,カーネルは常に非空である.

定理 1.7. ゲーム (N,v) が優加法性を満たすとする.このとき,カーネルを $\mathcal{K}(v)$,交渉集合を $\mathcal{B}(v)$ とすると,$\mathcal{K}(v) \subseteq \mathcal{B}(v)$ である.

証明. 任意の $x \in \mathcal{K}(v)$ をとり,(y,S) を,x におけるプレイヤー i の j に対する異議であるとする.異議の定義より,$i \in S$, $j \notin S$ であり,かつ

(1) $\sum_{k \in S} y_k \leq v(S)$,
(2) $y_k > x_k \quad \forall k \in S$ である.

いま,$x_j = v(\{j\})$ であれば,$(z,\{j\})$(ただし,z は $z_j = v(\{j\})$ となる配分)は,プレイヤー j の i に対する逆異議となる.そこで,$x_j > v(\{j\})$ とする.x がカーネル $\mathcal{K}(v)$ に属することより,$s_{ji}(x) \geq s_{ij}(x)$ でなければならない.ここで,$s_{ij}(x) = \max_{S \in \mathbf{T}_{ij}} e(S,x)$,および (1) から,

$$s_{ij}(x) \geq v(S) - \sum_{k \in S} x_k \geq \sum_{k \in S} y_k - \sum_{k \in S} x_k$$

でなければならない.したがって,$s_{ji}(x) = v(T) - \sum_{k \in T} x_k$,ただし $j \in T$, $i \notin T$,とすると,

$$v(T) - \sum_{k \in T} x_k = s_{ji}(x) \geq s_{ij}(x) \geq v(S) - \sum_{k \in S} x_k \geq \sum_{k \in S} y_k - \sum_{k \in S} x_k$$

したがって,

$$v(T) \geq \sum_{k \in T} x_k - \sum_{k \in S} x_k + \sum_{k \in S} y_k$$
$$= \sum_{k \in T \setminus S} x_k - \sum_{k \in S \setminus T} x_k + \sum_{k \in T \cap S} y_k + \sum_{k \in S \setminus T} y_k$$
$$> \sum_{k \in T \setminus S} x_k + \sum_{k \in T \cap S} y_k$$

となる．ここで，不等号は上の (2) から従う．

いま，

$$z_k = \begin{cases} x_k & k \in T \setminus S \\ y_k & k \in T \cap S \\ v(\{k\}) + \dfrac{v(N) - \sum_{\ell \in T \setminus S} x_\ell - \sum_{\ell \in T \cap S} y_\ell - \sum_{\ell \in N \setminus T} v(\{\ell\})}{|N \setminus T|} & \\ & k \in N \setminus T \end{cases}$$

とする．$|N \setminus T|$ は $N \setminus T$ に属するプレイヤーの数である．$z = (z_1, \cdots z_n)$ は配分である．実際，$\sum_{k \in N} z_k = v(N)$ となることは，z の定義から明らか．また，x, y が配分であること，および $v(T) > \sum_{k \in T \setminus S} x_k + \sum_{k \in T \cap S} y_k$ と (N, v) が優加法的であることより，$z_k \geq v(\{k\})$ $\forall k \in N$ も従う．さらに，$\sum_{k \in T \setminus S} x_k + \sum_{k \in T \cap S} y_k < v(T)$ ゆえ，(z, T) は，プレイヤー i の異議 (y, S) に対する j の逆異議となる．したがって，x は交渉集合 $\mathcal{B}(v)$ に属する． □

1.9 仁

1.9.1 不満の最小化

仁は Schmeidler [70] によって考えられた解であり，不満の量を提携間でできるだけ均等化しようという考えに基づくものである．

配分 $x \in \mathcal{I}(v)$ に対して，各提携 $S \subseteq N$ の不満 $e(S, x)$ を大きなものから順に並べたベクトルを $\theta(x)$ と表す．ただし，すべての配分に対して N と $\emptyset$ の不

満は 0 ゆえ，この 2 つを除く 2^n-2 個の不満を並べたベクトルを考える[7]．したがって，$\theta(x)$ は 2^n-2 次元のベクトル $(\theta_1(x),\cdots,\theta_{2^n-2}(x))$ である．

定義 1.17. 2 つの配分 $x,y\in\mathcal{I}(v)$ に対して，ある k, $1\leq k\leq 2^n-4$[8] が存在して，

$$\theta_\ell(x)=\theta_\ell(y)\ \ \forall\ell=1,\cdots,k,\ \ \theta_{k+1}(x)<\theta_{k+1}(y)$$

となるとき，x は y よりも受容的であるといい，$x\gg y$ と表す．

つまり，最も大きな不満から比較していき，最初に異なった不満の小さい方を受容的と呼んで，より好ましいと考える．

定義 1.18. それよりも受容的な配分の存在しない配分の全体を仁という．

以下では，ゲーム (N,v) の仁を $\mathcal{N}(v)$ で表す．$\mathcal{N}(v)=\{x\in\mathcal{I}(v)\mid y\gg x$ となる $y\in\mathcal{I}(v)$ が存在しない $\}$ である．

この定義 1.18 から直ちにわかるように，仁に属する配分は最も大きな不満が最も小さくなるものでなければならない．さらに，もしそのような配分が複数あるときには 2 番目に大きな不満が最も小さなものでなければならず，同

---

[7] N の部分集合（提携）は全部で 2^n 個あるから，すべての配分について不満の量が 0 となる N と ϕ を除けば 2^n-2 個の提携が残る．

[8] $\theta(x)$ の 2^n-2 個の成分をすべて加えると，

$$\sum_{\substack{S\subseteq N\\S\neq N,\phi}}\left(v(S)-\sum_{i\in S}x_i\right)=\sum_{\substack{S\subseteq N\\S\neq N,\phi}}v(S)-\sum_{\substack{S\subseteq N\\S\neq N,\phi}}\sum_{i\in S}x_i$$

$$=\sum_{\substack{S\subseteq N\\S\neq N,\phi}}v(S)-\binom{n-1}{|S|-1}\sum_{i\in N}x_i$$

であり，$\sum_{i\in N}x_i=v(N)$ ゆえ，この和は x にかかわらず一定である．$|S|$ は S に含まれるプレイヤーの数である．したがって，$\theta_\ell(x)=\theta_\ell(y)\,\forall\ell=1,\cdots,2^n-3$ であれば，$\theta_\ell(x)=\theta_\ell(y)\,\forall\ell=1,\cdots,2^n-2$ となる．したがって，$1\leq k\leq 2^n-4$ となっている．

様にして，3 番目に大きな不満，4 番目に大きな不満，$\cdots$，が最も小さくなるものでなければならない．

不満の量の大小関係は戦略上同等な変換によって影響を受けない，したがって，仁は戦略上同等な変換によって影響を受けない．読者自身で確かめていただきたい．

1.9.2　例における仁

例 1.1，例 1.2，例 1.3 の仁を求めてみよう．例 1.1 の特性関数は，

$$v(\{1,2,3\}) = 1, \quad v(\{1,2\}) = v(\{1,3\}) = v(\{2,3\}) = 1$$
$$v(\{1\}) = v(\{2\}) = v(\{3\}) = 0, \quad v(\emptyset) = 0$$

である．

任意の配分 $x \in \mathcal{I}(v)$ をとる．$\{1,2,3\}$ と $\emptyset$ を除く $2^3 - 2 = 6$ 個の提携の x に対する不満の量は次のようになる．

$$e(\{1,2\}) = v(\{1,2\}) - (x_1 + x_2) = 1 - (x_1 + x_2)$$
$$e(\{1,3\}) = v(\{1,3\}) - (x_1 + x_3) = 1 - (x_1 + x_3)$$
$$e(\{2,3\}) = v(\{2,3\}) - (x_2 + x_3) = 1 - (x_2 + x_3)$$
$$e(\{1\}) = v(\{1\}) - x_1 = -x_1$$
$$e(\{2\}) = v(\{2\}) - x_2 = -x_2$$
$$e(\{3\}) = v(\{3\}) - x_3 = -x_3$$

いま，x は配分ゆえ，$x_1 + x_2 + x_3 = 1$ となることを用いると，

$$e(\{1,2\}, x) = x_3, \quad e(\{1,3\}, x) = x_2, \quad e(\{2,3\}, x) = x_1$$

である．仁は，まず最大の不満を最小にするものであるから，6 個の不満の量をある一定の値 M でおさえ，M を最小にすること，つまり，最小化の線形計画問題

$$\min M$$
$$\text{s.t.} -M \leq x_1 \leq M, -M \leq x_2 \leq M, -M \leq x_3 \leq M$$
$$x_1 + x_2 + x_3 = 1, x_1, x_2, x_3 \geq 0$$

を考える．この問題の最小値は $M = 1/3$ であり，$x_1 = x_2 = x_3 = 1/3$ で達成される．実際，$-M \leq x_1, x_2, x_3 \leq M$ ゆえ，x_1, x_2, x_3 が存在するためには，$M \geq 0$ でなければならない．また，$-3M \leq x_1 + x_2 + x_3 = 1 \leq 3M$ から，$M \geq 1/3$, $M \geq -1/3$ でなければならない．これらの制約条件すべてを満たす中での M の最小値は $1/3$ である．$x_1 + x_2 + x_3 = 1$ で $-1/3 \leq x_1, x_2, x_3 \leq 1/3$ ゆえ，仁は $\mathcal{N}(v) = \{(1/3, 1/3, 1/3)\}$ である．

例 1.2 の特性関数は次のように与えられる．

$$v(\{1,2,3\}) = 1, \quad v(\{1,2\}) = v(\{1,3\}) = 1, \quad v(\{2,3\}) = 0$$
$$v(\{1\}) = v(\{2\}) = v(\{3\}) = 0, \quad v(\emptyset) = 0$$

したがって，不満の量は以下のとおりである．

$$e(\{1,2\}) = v(\{1,2\}) - (x_1 + x_2) = 1 - (x_1 + x_2)$$
$$e(\{1,3\}) = v(\{1,3\}) - (x_1 + x_3) = 1 - (x_1 + x_3)$$
$$e(\{2,3\}) = v(\{2,3\}) - (x_2 + x_3) = -(x_2 + x_3)$$
$$e(\{1\}) = v(\{1\}) - x_1 = -x_1$$
$$e(\{2\}) = v(\{2\}) - x_2 = -x_2$$
$$e(\{3\}) = v(\{3\}) - x_3 = -x_3$$

ここで，$x_1 + x_2 + x_3 = 1$ より，$e(\{1,2\}, x) = x_3$, $e(\{1,3\}, x) = x_2$, $e(\{2,3\}, x) = -(x_2 + x_3) = -1 + x_1$ となるから，線形計画問題

$$\min M$$
$$\text{s.t.} -M \leq x_1 \leq 1 + M, -M \leq x_2 \leq M, -M \leq x_3 \leq M$$
$$x_1 + x_2 + x_3 = 1, x_1, x_2, x_3 \geq 0$$

を考えると，この問題の最小値は $M = 0$ であり，$x_1 = 1$, $x_2 = x_3 = 0$

で達成される．実際，$-M \leq x_1 \leq 1+M$ ゆえ，x_1 が存在するためには，$M \geq -1/2$, $-M \leq x_2, x_3 \leq M$ ゆえ，x_2, x_3 が存在するためには，$M \geq 0$. $-3M \leq x_1+x_2+x_3 = 1 \leq 3M+1$ ゆえ，$M \geq -1/3$, $M \geq 0$ である．よって，これらの制約条件すべてを満たす M の最小値は 0 で，$x_1 = 1$, $x_2 = x_3 = 0$ となる．したがって，仁は $\mathcal{N}(v) = \{(1,0,0)\}$ である．

例 1.3 の（ゼロ正規化された）特性関数は次のように与えられる．

$$v'(\{1,2,3\}) = 20,$$
$$v'(\{1,2\}) = 6, \quad v'(\{1,3\}) = 0, \quad v'(\{2,3\}) = 8$$
$$v'(\{1\}) = v'(\{2\}) = v'(\{3\}) = 0, \quad v'(\emptyset) = 0$$

したがって，不満の量は以下のとおりである．

$$e(\{1,2\}) = v'(\{1,2\}) - (x_1'+x_2') = 6 - (x_1'+x_2')$$
$$e(\{1,3\}) = v'(\{1,3\}) - (x_1'+x_3') = -(x_1'+x_3')$$
$$e(\{2,3\}) = v'(\{2,3\}) - (x_2'+x_3') = 8 - (x_2'+x_3')$$
$$e(\{1\}) = v'(\{1\}) - x_1' = -x_1'$$
$$e(\{2\}) = v'(\{2\}) - x_2' = -x_2'$$
$$e(\{3\}) = v'(\{3\}) - x_3' = -x_3'$$

いま，x' は配分ゆえ，$x_1'+x_2'+x_3' = 20$ となることを用いると，

$$e(\{1,2\}) = -14 + x_3', \quad e(\{1,3\}) = -20 + x_2', \quad e(\{2,3\}) = -12 + x_1'$$

線形計画問題

min M

s.t. $-M \leq x_1' \leq M+12$, $-M \leq x_2' \leq M+20$, $-M \leq x_3' \leq M+14$
$x_1'+x_2'+x_3' = 20$, $x_1', x_2', x_3' \geq 0$

を考えると，最小値は $M = -6$ である．実際，$-M \leq x_1' \leq M+12$, $-M \leq x_2' \leq M+20$, $-M \leq x_3' \leq M+14$ ゆえ，x_1', x_2', x_3' が存在するためには，$M \geq -6$, $M \geq -10$, $M \geq -7$ でなければならない．また，$-3M \leq x_1' +$

$x_2' + x_3' = 20 \leq 3M + 46$ ゆえ，$M \geq -20/3$, $M \geq -26/3$. よって，M の最小値は -6 であり，$x_1' = 6$, $6 \leq x_2' \leq 14$, $6 \leq x_3' \leq 8$, $x_2' + x_3' = 14$ となる (x_1', x_2', x_3') で達成される．ただし，$6 \leq x_3' \leq 8$ で $x_2' + x_3' = 14$ ゆえ，x_2' の条件は $6 \leq x_2' \leq 8$ となる．

例 1.1，例 1.2 と異なり，依然として複数の配分が含まれるから，次に大きな不満の最小化を考える．いま，$x_3' = 14 - x_2'$ を用いてパラメーターを x_2'（ただし，$6 \leq x_2' \leq 8$）のみにすると，各提携の不満は，以下のように与えられる．

$$e(\{1,2\}, x') = -x_2'$$
$$e(\{1,3\}, x') = -20 + x_2'$$
$$e(\{2,3\}, x') = -6$$
$$e(\{1\}, x') = -6$$
$$e(\{2\}, x') = -x_2'$$
$$e(\{3\}, x') = -14 + x_2'$$

線形計画問題

　　　min M'

　　　s.t. $-x_2' \leq M'$, $-20 + x_2' \leq -M'$, $-14 + x_2' \leq M'$, $6 \leq x_2' \leq 8$

を考えると，$-M' \leq x_2' \leq M' + 14$ となるから，最小値は $M' = -7$ であり，$x_2' = 7$ で達成される．したがって，仁は $\mathcal{N}(v) = \{(6, 7, 7)\}$ である．

1.9.3 仁の性質

まず，仁は必ずカーネルに含まれることを示す．

定理 1.8. ゲーム (N, v) において，仁を $\mathcal{N}(v)$，カーネルを $\mathcal{K}(v)$ とすると，$\mathcal{N}(v) \subseteq \mathcal{K}(v)$ である．

証明． 任意の $x \in \mathcal{N}(v)$ をとり，$x \notin \mathcal{K}(v)$ とする．カーネルの定義より，あ

る $i,j \in N$ で,

$$s_{ij}(x) > s_{ji}(x), \quad x_j > v(\{j\})$$

となるものが存在する．したがって，十分小さな $\epsilon > 0$ をとることにより，

$$y_k = \begin{cases} x_k & k \neq i,j \\ x_i + \epsilon & k = i \\ x_j - \epsilon & k = j \end{cases}$$

$$s_{ij}(y) = s_{ij}(x) - \epsilon > s_{ji}(x) + \epsilon = s_{ji}(y), \quad y_j > v(\{j\})$$

となる配分 $y = (y_1, \cdots, y_n) \in \mathcal{I}(v)$ をとることができる．
 $\mathbf{T} = \{S \in 2^N \setminus \mathbf{T}_{ij} \cup \mathbf{T}_{ji} \mid e(S,x) \geq s_{ij}(x)\}$ とし，$\mathbf{T}$ の要素の数 $|\mathbf{T}|$ を t で表す．$\mathbf{T}$ の定義と $s_{ij}(x) > s_{ji}(x)$ となることから，$\theta_{t+1}(x) = s_{ij}(x)$ である．y の定義から，$S \in 2^N \setminus (\mathbf{T}_{ij} \cup \mathbf{T}_{ji})$ であれば $e(S,y) = e(S,x)$，$S \in \mathbf{T}_{ij}$ であれば $e(S,y) = e(S,x) - \epsilon \leq s_{ij}(x) - \epsilon$，$S \in \mathbf{T}_{ji}$ であれば $e(S,y) = e(S,x) + \epsilon \leq s_{ji}(x) + \epsilon < s_{ij}(x) - \epsilon$ である．したがって，すべての $\ell = 1, \cdots, t$ に関して，$\theta_\ell(y) = \theta_\ell(x)$ であり，$\theta_{t+1}(y) < s_{ij}(x) = \theta_{t+1}(x)$ となる．よって，$y \gg x$ となり，$x \in \mathcal{N}(v)$ に矛盾する． □

前節で示したように，カーネルは交渉集合に含まれるから

$$\text{仁} \subseteq \text{カーネル} \subseteq \text{交渉集合}$$

という包含関係が成り立つ．さらに，次の定理に示すように，仁はどのような TU ゲームにおいても存在する．したがって，カーネル，交渉集合も必ず存在する．

定理 1.9. ゲーム (N,v) において，仁を $\mathcal{N}(v)$ とすると，$\mathcal{N}(v) \neq \emptyset$.

証明．各配分 $x \in \mathcal{I}(v)$ について，$\theta_i(x)$, $i = 1, \cdots, 2^n - 2$, は，x における各提携 S, $S \neq N, \emptyset$ の不満の量 $e(S,x)$ を大きなものから順に並べたベクトルで

あるから，

$$\theta_i(x) = \max_{\mathbf{R} \subseteq 2^{\mathbf{N}} \setminus \{\mathbf{N}, \emptyset\}, |\mathbf{R}|=i} (\min_{S \in \mathbf{R}} e(S, x))$$

と表すことができる．$\mathbf{R}$ は提携の集まりを表し，$|\mathbf{R}|$ は $\mathbf{R}$ に含まれる提携の数である．

ここで，$e(S,x) = v(S) - \sum_{i \in S} x_i$ は x の連続関数であり，$\theta_i(x)$ は有限個の連続関数の $\max$，$\min$ で定義されるからやはり x の連続関数である．いま，

$$A^1 = \{x \in \mathcal{I}(v) \mid \theta_1(x) = \min_{y \in \mathcal{I}(v)} \theta_1(y)\}$$

$$A^i = \{x \in A^{i-1} \mid \theta_i(x) = \min_{y \in A^{i-1}} \theta_i(y)\} \quad i = 2, \cdots, 2^n - 2$$

とすると，$\mathcal{I}(v)$ はコンパクトで $\theta_1(x)$ は連続関数ゆえ，最小値が存在し，$A^1 \neq \emptyset$，かつ A^1 はコンパクトになる．A^1 はコンパクトで $\theta_2(x)$ は連続関数ゆえ，$A^2 \neq \emptyset$，かつ A^2 はコンパクト．このプロセスを繰り返していけば，最終的に $A^{2^n-2} \neq \emptyset$ が得られる．A^{2^n-2} が仁であることは明らか． □

さらに，仁はただ 1 つの配分から構成されることが示される．

定理 1.10. ゲーム (N,v) において，仁を $\mathcal{N}(v)$ とすると，$\mathcal{N}(v)$ はただ 1 つの配分からなる．

証明． 仁 $\mathcal{N}(v)$ が複数の配分を含むとし，矛盾を導く．2 つの異なる配分 $x, y \in \mathcal{N}(v)$ をとり，$z = (x+y)/2$ とする．以下のように，$\theta(x), \theta(y)$ が与えられていたとする．

$$\theta(x) = (\theta_1(x), \cdots, \theta_{2^n-2}(x)) = (e(S_1, x), \cdots, e(S_{2^n-2}, x))$$

$$\theta(y) = (\theta_1(y), \cdots, \theta_{2^n-2}(y)) = (e(T_1, y), \cdots, e(T_{2^n-2}, y))$$

x, y ともに $\mathcal{N}(v)$ に属するから，$\theta_\ell(x) = \theta_\ell(y) \ \forall \ell = 1, \cdots, 2^n - 2$ である．

ここで，$S_\ell = T_\ell \ \forall \ell = 1, \cdots, 2^n - 2$ であれば，$x = y$ となる．実際，任意

のプレイヤー h について,$S_\ell = T_\ell = \{h\}$ をとれば,
$$v(\{h\}) - x_h = v(\{h\}) - y_h$$
したがって,$x_h = y_h$ である.これがすべての h について成り立つから,$x = y$ である.

$x \neq y$ ゆえ,
$$S_\ell = T_\ell \quad \forall \ell = 1, \cdots, k, \ S_{k+1} \neq T_{k+1}$$
となる k, $0 \leq k \leq 2^n - 4$,が存在する.ここで,k はできる限り大きくとっておくものとする.つまり,同じ不満の量をもつ提携が複数存在する場合には,$S_\ell = T_\ell$ となる ℓ ができるだけ多くなるように提携の順番を入れ替えておく.

いま,$\mathbf{S} = \{S_\ell \mid \ell \geq k+1, \ e(S_\ell, x) = e(S_{k+1}, x)\}$,$\mathbf{T} = \{T_\ell \mid \ell \geq k+1, \ e(T_\ell, x) = e(T_{k+1}, x)\}$ とすると,$\theta(x) = \theta(y)$ ゆえ,$|\mathbf{S}| = |\mathbf{T}|$ である.また,k のとり方から $\mathbf{S} \cap \mathbf{T} = \emptyset$ である.いま,$e(R, z) = \max\{e(S, z) \mid S \neq S_1, \cdots, S_k\}$ となる R をとり $R = S_{\ell'} = T_{\ell''} = R$ とすると,$\mathbf{S} \cap \mathbf{T} = \emptyset$ ゆえ,次の3つの場合がある.

(1) $S_{\ell'} \in \mathbf{S}$,$T_{\ell''} \notin \mathbf{T}$,
(2) $S_{\ell'} \notin \mathbf{S}$,$T_{\ell''} \in \mathbf{T}$,
(3) $S_{\ell'} \notin \mathbf{S}$,$T_{\ell''} \notin \mathbf{T}$

(1) の場合には,$e(R, y) < e(R, x)$ ゆえ,
$$e(R, z) = e(R, y)/2 + e(R, x)/2 < e(R, x) = e(S_{\ell'}, x) = e(S_{k+1}, x)$$

(2) の場合には,$e(R, x) < e(R, y)$ ゆえ,
$$e(R, z) = e(R, y)/2 + e(R, x)/2 < e(R, y) = e(T_{\ell''}, y) = e(T_{k+1}, y)$$

(3) の場合には,$e(R, y)$,$e(R, x) < e(S_{k+1}, x)$ ゆえ,$e(R, z) = e(R, y)/2 + e(R, x)/2 < e(S_{k+1}, x)$,いずれの場合にも,$e(R, z) < e(S_{k+1}, x) = e(T_{k+1}, y)$ となる.

いま,$S_1 = T_1, \cdots, S_k = T_k$ については $e(S_\ell, x) = e(S_\ell, y) \ \forall \ell = 1, \cdots, k$

ゆえ，$e(S_\ell, z) = e(S_\ell, x)/2 + e(S_\ell, y)/2 = e(S_\ell, x) = e(S_\ell, y) \geq e(S_{k+1}, x) = e(T_{k+1}, y) > e(R, z)$．したがって，$\theta(z) = (\theta_1(z), \cdots, \theta_{2^n-2}(z))$ とすると，$\theta_{k+1}(z) = e(R, z)$ となり，$z \gg x$ または $z \gg y$ となって，$x, y \in \mathcal{N}(v)$ に矛盾． □

仁はただ 1 つの配分からなるので，以後，仁を配分 $\nu(v)$ で表す．仁はコアが非空な場合には，コアにも含まれる．

定理 1.11. ゲーム (N, v) において，仁を $\nu(v)$，コアを $\mathcal{C}(v)$ とする．$\mathcal{C}(v) \neq \emptyset$ であれば，$\nu(v) \in \mathcal{C}(v)$ である．

証明． $\nu(v) \notin \mathcal{C}(\mathbf{v})$ とする．コアの定義より，$e(S, \nu(v)) = v(S) - \sum_{i \in S} \nu(v)_i > 0$ となる提携 S が少なくとも 1 つ存在する．したがって，$\nu(v)$ の最大の不満の量は正である．一方，コアに属する配分 x をとると，$e(S, x) = v(S) - \sum_{i \in S} x_i \leq 0 \ \forall S \subseteq N$ であり，x に関する不満の量はすべての提携に関して非正，したがって，最大の不満の量も非正である．よって，$x \gg \nu(v)$ となって，$\nu(v)$ が仁であることに反する． □

このように仁はさまざまな興味深い性質をもっており，特にただ 1 つの配分を与えるため，費用分担，便益分配などの計画問題への適用例が多い．

1.10 シャープレイ値

1.10.1 プレイヤーの貢献度とシャープレイ値

シャープレイ値は Shapley [71] によって与えられた解であり，提携に対するプレイヤーの貢献度に基づいて定義される．シャープレイ値はもともとは公理系から導出された解であるが，公理系は後に与えることとし，まず，シャープレイ値のもつ意味から解説することにする．

いま，ゲーム (N, v) において，任意の提携 S と S に含まれない任意のプレイヤー i をとる．このとき，提携 S は彼らだけの協力により $v(S)$ の値を獲得

できるが，もし，プレイヤー i が加われば，獲得できる値は $v(S \cup \{i\})$ になる．したがって，この 2 つの値の差 $v(S \cup \{i\}) - v(S)$ は，提携 S にプレイヤー i が加わるときの i の貢献度と考えられる．

定義 1.19. ゲーム (N, v) において，任意の提携 S と S に含まれない任意のプレイヤー i をとる．このとき，

$$v(S \cup \{i\}) - v(S)$$

を提携 S に対する i の**貢献度**という．

　シャープレイ値も，全員提携が形成されたときに得られる値 $v(N)$ をいかにプレイヤー間で分け合えばよいかを与える解であり，全員提携の形成を前提としている．ただし，シャープレイ値では，1 人ずつプレイヤーが加わっていくという提携形成を考える．
　n 人のプレイヤーを並べた順列を $\pi = (\pi(1), \cdots, \pi(n))$ と表し，$n!$ 個の順列 π の全体を Π とする．順列 π におけるプレイヤー $\pi(k)$ の貢献度は

$$v(\{\pi(1), \cdots, \pi(k-1), \pi(k)\}) - v(\{\pi(1), \cdots, \pi(k-1)\})$$

で与えられる．$\pi(1), \cdots, \pi(k-1)$ を順列 π における $\pi(k)$ の**先行者**と呼ぶ．順列 π において，プレイヤー i が $\pi(k)$ であるとき，i の先行者 $\pi(1), \cdots, \pi(k-1)$ の集合を $P^{\pi,i}$ と表す．ただし，プレイヤー i が $\pi(1)$ であるときは，$P^{\pi,i} = \emptyset$ である．プレイヤー i の順列 π における貢献度は，$v(P^{\pi,i} \cup \{i\}) - v(P^{\pi,i})$ である．

定義 1.20. ゲーム (N, v) において，プレイヤーが 1 人ずつ加わって全員提携が形成される $n!$ 個の提携形成がすべて同じ確率で起こるとする．このときの各プレイヤーの貢献度の期待値を (N, v) におけるそれぞれのプレイヤーの**シャープレイ値**という．プレイヤー i のシャープレイ値を $\phi_i(v)$ で表すと，

$$\phi_i(v) = \frac{1}{n!} \sum_{\pi \in \Pi} (v(P^{\pi,i} \cup \{i\}) - v(P^{\pi,i}))$$

であり，すべてのプレイヤーのシャープレイ値を並べたベクトル $\phi(v) = (\phi_1(v), \cdots, \phi_n(v))$ を単にシャープレイ値という．

貢献度は戦略上同等な変換によって影響を受けないから，シャープレイ値は戦略上同等な変換によって影響を受けない．

シャープレイ値は

$$\phi_i(v) = \frac{1}{n!} \sum_{S: S \subseteq N, i \notin S} s!(n-s-1)!(v(S \cup \{i\}) - v(S))$$

とも表現することができる．s は S に含まれるプレイヤーの数 $|S|$ である．実際，プレイヤー i について，i が提携 S，$i \notin S$，に加わって $v(S \cup \{i\}) - v(S)$ の貢献度をもつのは，$n!$ 個の順列において，i が加わる前に提携 S のメンバー s 人が提携を形成しており，i が加わった後に残りの $N \setminus (S \cup \{i\})$ のメンバー $(n-s-1)$ 人が加わる場合である．$n!$ 個の順列のうち，このような状況は $s! \times (n-s-1)!$ 個の順列で起こる．プレイヤー i のシャープレイ値はこのような貢献度を i を含まないすべての提携 S について加えたものであるから，上の別表現が得られる．

1.10.2 例におけるシャープレイ値

例 1.1，例 1.2，例 1.3 のシャープレイ値を求めてみよう．例 1.1 の特性関数は，

$$v(\{1,2,3\}) = 1, \quad v(\{1,2\}) = v(\{1,3\}) = v(\{2,3\}) = 1$$
$$v(\{1\}) = v(\{2\}) = v(\{3\}) = 0, \quad v(\emptyset) = 0$$

である．

提携形成の各順列における各プレイヤーの貢献度は，以下のようにまとめられる．

1.10 シャープレイ値

提携形成の順列	各プレイヤーの貢献度		
	プレイヤー 1	プレイヤー 2	プレイヤー 3
123	0	1	0
132	0	0	1
213	1	0	0
231	0	0	1
312	1	0	0
321	0	1	0

ただし，提携形成の順列 ijk は，i, j, k の順に提携に加わっていくことを表す．どのプレイヤーも 6 個の順列において貢献度の合計が 2 であるから，シャープレイ値は，$\phi(v) = (1/3, 1/3, 1/3)$ である．

別表現を用いる場合には，たとえば，プレイヤー 1 であれば，1 を含まない提携は $\emptyset, \{2\}, \{3\}, \{2,3\}$ の 4 つである．したがって，

$$\phi_1(v) = \frac{1}{3!}((v(\{1\}) - v(\emptyset)) \times 0!2! + (v(\{1,2\}) - v(\{2\})) \times 1!1!$$
$$+ (v(\{1,3\}) - v(\{3\})) \times 1!1! + (v(\{1,2,3\}) - v(\{2,3\})) \times 2!0!)$$
$$= (0 + 1 + 1 + 0)/6 = 1/3$$

となる．プレイヤー 2, 3 についても同様にして，$\phi_2(v) = \phi_3(v) = 1/3$ である．

次に例 1.2 の特性関数は次のように与えられる．

$$v(\{1,2,3\}) = 1, \quad v(\{1,2\}) = v(\{1,3\}) = 1, \quad v(\{2,3\}) = 0$$
$$v(\{1\}) = v(\{2\}) = v(\{3\}) = 0, \quad v(\emptyset) = 0$$

提携形成の各順列における各プレイヤーの貢献度は，以下のとおりである．

提携形成の順列	各プレイヤーの貢献度		
	プレイヤー 1	プレイヤー 2	プレイヤー 3
123	0	1	0
132	0	0	1
213	1	0	0
231	1	0	0
312	1	0	0
321	1	0	0

したがって，シャープレイ値は，$\phi(v) = (2/3, 1/6, 1/6)$ である．
別表現を用いる場合には，たとえば，プレイヤー 1 であれば，

$$\phi_1(v) = \frac{1}{3!}((v(\{1\}) - v(\emptyset)) \times 0!2! + (v(\{1,2\}) - v(\{2\})) \times 1!1!$$

$$+ (v(\{1,3\}) - v(\{3\})) \times 1!1! + (v(\{1,2,3\}) - v(\{2,3\})) \times 2!0!)$$

$$= (0 + 1 + 1 + 2)/6 = 2/3$$

となる．プレイヤー 2, 3 についても同様にして，$\phi_2(v) = \phi_3(v) = 1/6$ である．

例 1.3 の（ゼロ正規化された）特性関数は次のように与えられる．

$$v'(\{1,2,3\}) = 20,$$
$$v'(\{1,2\}) = 6, \quad v'(\{1,3\}) = 0, \quad v'(\{2,3\}) = 8$$
$$v'(\{1\}) = v'(\{2\}) = v'(\{3\}) = 0, \quad v'(\emptyset) = 0$$

提携形成の各順列における各プレイヤーの貢献度は，以下のとおりである．

提携形成の順列	各プレイヤーの貢献度		
	プレイヤー 1	プレイヤー 2	プレイヤー 3
123	0	6	14
132	0	20	0
213	6	0	14
231	12	0	8
312	0	20	0
321	12	8	0

したがって，シャープレイ値は，$\phi(v') = (5, 9, 6)$ である．

別表現を用いる場合には，たとえば，プレイヤー1であれば，

$$\phi_1(v') = \frac{1}{3!}((v'(\{1\}) - v'(\emptyset)) \times 0!2! + (v'(\{1,2\}) - v'(\{2\})) \times 1!1!$$
$$+ (v'(\{1,3\}) - v'(\{3\})) \times 1!1! + (v'(\{1,2,3\}) - v'(\{2,3\})) \times 2!0!)$$
$$= (0 + 6 + 0 + 24)/6 = 5$$

となる．プレイヤー2, 3についても同様にして，$\phi_2(v') = 9$, $\phi_3(v') = 6$である．

1.10.3 シャープレイ値の性質

シャープレイ値の定義においては，全体合理性，個人合理性は仮定されていない．しかしながら，容易に確かめられるように，前節の3つの例においてはシャープレイ値はいずれも配分になっている．次の定理1.12に示すように，一般に，シャープレイ値は必ず全体合理性を満たし，もしゲームが優加法的であれば，個人合理性も満たす．

定理 1.12. 特性関数形ゲーム (N, v) が優加法性を満たすとする．このとき，シャープレイ値を $\phi(v) = (\phi_1(v), \cdots, \phi_n(v))$ とすると，

$$\sum_{i \in N} \phi_i(v) = v(N), \quad \phi_i(v) \geq v(\{i\}) \quad \forall i \in N$$

である．

証明． 各プレイヤー i のシャープレイ値は，

$$\phi_i(v) = \frac{1}{n!} \sum_{\pi \in \Pi} (v(P^{\pi,i} \cup \{i\}) - v(P^{\pi,i}))$$

であるから，

$$\sum_{i \in N} \phi_i(v) = \frac{1}{n!} \sum_{i \in N} \left(\sum_{\pi \in \Pi} (v(P^{\pi,i} \cup \{i\}) - v(P^{\pi,i})) \right)$$

ここで，和のとり方の順序を変えると，

$$\sum_{i \in N} \phi_i(v) = \frac{1}{n!} \sum_{\pi \in \Pi} \left(\sum_{i \in N} (v(P^{\pi,i} \cup \{i\}) - v(P^{\pi,i})) \right)$$

いま，

$$\sum_{i \in N} (v(P^{\pi,i} \cup \{i\}) - v(P^{\pi,i}))$$
$$= v(\{\pi(1)\}) - v(\emptyset) + v(\{\pi(2), \pi(1)\}) - v(\{\pi(1)\})$$
$$+ \cdots + v(\{\pi(1), \cdots, \pi(n-1), \pi(n)\}) - v(\{\pi(1), \cdots, \pi(n-1)\})$$
$$= v(N)$$

したがって，

$$\sum_{i \in N} \phi_i(v) = \frac{1}{n!} \sum_{\pi \in \Pi} v(N) = v(N)$$

となり，全体合理性が満たされる．

次に，もし優加法性が成り立つならば，

$$v(P^{\pi,i} \cup \{i\}) - v(P^{\pi,i}) \geq v(\{i\})$$

したがって，

$$\phi_i(v) \geq \frac{1}{n!} \sum_{\pi \in \Pi} v(\{i\}) = v(\{i\})$$

となって個人合理性も満たされる． □

証明からわかるように，優加法性よりも弱い条件，

$$v(S \cup \{i\}) - v(S) \geq v(\{i\}) \quad \forall i \in N \quad \forall S \subseteq N \setminus \{i\}$$

が満たされるならば，個人合理性は成り立つ．

例 1.3 を用いて，証明のアイディアを説明しておこう．この例における各プレイヤーの貢献度は以下のとおりであった．

提携形成の順列	各プレイヤーの貢献度		
	プレイヤー 1	プレイヤー 2	プレイヤー 3
123	0	6	14
132	0	20	0
213	6	0	14
231	12	0	8
312	0	20	0
321	12	8	0

プレイヤー $1, 2, 3$ のシャープレイ値は,それぞれ第 1 列,第 2 列,第 3 列の値を加えて $3!$ で割ったものである.したがって,3 人のプレイヤーのシャープレイ値の合計は,行列のすべての要素を加えて $3!$ で割ったものになる.いま,行列の要素を各行ごとに加え,それを合計して $3!$ で割っても同じ値になる.各行の合計は $v(\{1, 2, 3\}) = 20$ であり,その合計は $20 \times 3!$,それを $3!$ で割れば $v(\{1, 2, 3\}) = 20$ となる.したがって,シャープレイ値の合計は $v(\{1, 2, 3\}) = 20$ となる.個人合理性は,各要素が $v(\{i\})$ 以上となることから従う.

1.10.4　シャープレイ値の公理系からの導出

本節では,Shapley [71] によるシャープレイ値の公理系からの導出を説明する.まず,シャープレイによる 4 つの公理を与える.プレイヤーの集合 N は固定し,優加法的な特性関数 $v : 2^N \to \mathbb{R}$ の全体を $\mathbf{V}$ とする.

各ゲーム (N, v), $v \in \mathbf{V}$ に対して,n 次元の実数ベクトルを与える関数を $\psi : \mathbf{V} \to \mathbb{R}^n$ とし,$\psi(v) = (\psi_1(v), \cdots, \psi_n(v))$ とする.

以下の議論で必要となる定義を与えておく.

定義 1.21. プレイヤー $i \in N$ について,$v(S \cup \{i\}) - v(S) = 0$ $\forall S \subseteq N$, $i \notin S$ となるとき,このプレイヤー i を (N, v) における**ナルプレイヤー**であるという.

定義 1.22. プレイヤー $i, j \in N$, $i \neq j$ について,$v(S \cup \{i\}) = v(S \cup \{j\})$ $\forall S \subseteq N$, $i, j \notin S$ となるとき,プレイヤー i, j は (N, v) において**対称**であるとい

う.

定義 1.23. $\mathbf{V}$ に属する任意の v, u に対して，$v + u \in \mathbf{V}$ を
$$(v+u)(S) = v(S) + u(S) \quad \forall S \subseteq N$$
によって定義し，v と u の和ゲームという．

公理 1　全体合理性

　任意の $v \in \mathbf{V}$ に対して，$\sum_{i \in N} \psi_i(v) = v(N)$

公理 2　ナルプレイヤーに関する性質

　任意の $v \in \mathbf{V}$ に対して，プレイヤー i が (N, v) におけるナルプレイヤーであれば，$\psi_i(v) = 0$

公理 3　対称性

　任意の $v \in \mathbf{V}$ に対して，プレイヤー i, j が (N, v) において対称であれば，$\psi_i(v) = \psi_j(v)$

公理 4　加法性

　任意の $v, u \in \mathbf{V}$ に対して，$\psi(v+u) = \psi(v) + \psi(u) \quad \forall i \in N$

　公理 1 は全員が協力したときに得られる値 $v(N)$ を余すところなく与えることを表す．配分の条件の 1 つであった全体合理性である．公理 2 は，どの提携に対しても貢献のないプレイヤーは何も得るべきでないこと，また，公理 3 は，どの提携に対しても同じ貢献をなすプレイヤー達は同じ利得を得るべきであること，を表している．公理 4 は，同じプレイヤーの集合をもつ 2 つのゲームが与えられたとき，各提携について 2 つのゲームの特性関数の値の和を特性関数の値とするような新しいゲームを考えると，そのシャープレイ値は，元の 2 つのゲームのシャープレイ値の和に等しくなるべきであることを表している．

定理 1.13. 全体合理性，ナルプレイヤーに関する性質，対称性，加法性の 4 つの公理を満たす関数 $\psi : \mathbf{V} \to \mathbb{R}^n$ はただ 1 つに定まり，各ゲーム (N, v) に対して，

$$\psi_i(v) = \sum_{S : S \subseteq N,\, i \notin S} \frac{s!(n-s-1)!}{n!} (v(S \cup \{i\}) - v(S)) \quad \forall i \in N$$

で与えられる．

定理を証明するために，まず以下の 3 つの補題を証明する．

補題 1.1. $\psi(v) = (\psi_i(v), \cdots, \psi_n(v))$，

$$\sum_{S : S \subseteq N,\, i \notin S} \psi_i(v) = \frac{s!(n-s-1)!}{n!} (v(S \cup \{i\}) - v(S)) \quad \forall i \in N$$

で与えられる関数 ψ は公理 1～4 を満たす．

証明． 公理 1 は定理 1.12 から従う．プレイヤー i がナルプレイヤーであれば，i を含まないすべての提携 s に対して $v(S \cup \{i\}) - v(S) = 0$ であるから，公理 2 は明らか．公理 3 については，$i, j \notin S$ となる提携 S に対しては，$v(S \cup \{i\}) - v(S) = v(S \cup \{j\}) - v(S)$ である．また，一方だけを含む提携，たとえば $i \notin S,\ j \in S$ となる提携 S については，提携 $T = (S \setminus \{j\}) \cup \{i\}$ を対応させれば，$T \cup \{j\} = S \cup \{i\}$ であり，i, j が対称であるから，$v(T) = v((S \setminus \{j\}) \cup \{i\}) = v((S \setminus \{j\}) \cup \{j\}) = v(S)$，したがって，$v(S \cup \{i\}) - v(S) = v(T \cup \{j\}) - v(T)$ であり，さらに S と T に属するプレイヤーの数は同じである．$i \in S,\ j \notin S$ となる提携 S についても同様である．したがって，公理 3 が成り立つ．

公理 4 については，

$$(v+u)(S \cup \{i\}) - (v+u)(S) = v(S \cup \{i\}) - v(S) + u(S \cup \{i\}) - u(S)$$

となることから明らか． $\square$

補題 1.2. 任意の提携 $R \subseteq N, R \neq \emptyset$ に対して，特性関数 $v_R \in \mathbf{V}$ を

$$v_R(S) = \begin{cases} 1 & R \subseteq S \text{ のとき} \\ 0 & \text{その他のとき} \end{cases}$$

と定義すると，任意の特性関数 $v \in \mathbf{V}$ に対して，

$$v = \sum_{R \subseteq N,\ R \neq \emptyset} c_R v_R$$

となる $2^n - 1$ 個の実数 $c_R, R \subseteq N, R \neq \emptyset$ が一意に存在する．

証明． $\mathbf{V}$ に含まれる特性関数は空集合 $\emptyset$ を除く $2^n - 1$ 個の提携にどのような値を与えるかで特徴付けられるから，$2^n - 1$ 次元のベクトル空間 $\mathbb{R}^{2^n-1}$ の要素とみなすことができる．（空集合 $\emptyset$ に対しては，すべての特性関数 $v \in \mathbf{V}$ について $v(\emptyset) = 0$ である．）

したがって，$2^n - 1$ 個のベクトル $v_R, R \subseteq N, R \neq \emptyset$ が $\mathbb{R}^{2^n-1}$ の基底であることを示せばよく，そのためには，$v_R, R \subseteq N, R \neq \emptyset$ が一次独立であることを示せばよい．つまり，$2^n - 1$ 個の実数 $d_R, R \subseteq N, R \neq \emptyset$ に対して $\sum_{R \subseteq N,\ R \neq \emptyset} d_R v_R = 0$ となるときに，$d_R = 0\ \forall R \subseteq N, R \neq \emptyset$ となることを示せばよい．

いま，少なくとも 1 つの $R \subseteq N, R \neq \emptyset$ に対して，$d_R \neq 0$ であるとし，そのうちの極小なものを R^* とする．つまり，$d_{R^*} \neq 0, d_R = 0\ \forall R \subset R^*$ であるような R^* をとる．このとき，$R \subseteq R^*$ でなければ，$v_R(R^*) = 0$ となるから，

$$\sum_{R \subseteq N,\ R \neq \emptyset} d_R v_R(R^*) = \sum_{R \subset R^*,\ R \neq \emptyset} d_R v_R(R^*) + d_{R^*} v_{R^*}(R^*) = d_{R^*} v_{R^*}(R^*)$$

であり，d_R の定義および $v_{R^*}(R^*) = 1$ となることから，右辺は $d_{R^*} \neq 0$ である．一方，$\sum_{R \subseteq N,\ R \neq \emptyset} d_R v_R = 0$ ゆえ，左辺は 0 であるから矛盾である．

したがって，$d_R = 0\ \forall R \subseteq N, R \neq \emptyset$ が成り立つ． □

次の補題は，各 v_R に対して 4 つの公理を満たす ψ が与える値を明らかにする．

補題 1.3. ψ を全体合理性，ナルプレイヤーに関する性質，対称性，加法性の 4 つの公理を満たす関数とする．このとき，各 $v_R, R \subseteq N, R \neq \emptyset$ と任意の実数 $c > 0$ について，

$$\psi_i(cv_R) = \begin{cases} c/r & i \in R \\ 0 & i \notin R \end{cases}$$

となる．ただし，r は提携 R に属するプレイヤーの数 $|R|$ である．

証明． v_R の定義から，

$$(cv)_R(S) = \begin{cases} c & R \subseteq S \text{ のとき} \\ 0 & \text{その他のとき} \end{cases}$$

であるから，R に属さないプレイヤー i は (N, cv_R) においてナルプレイヤーである．実際，任意の提携 S をとったときに，$R \subseteq S$ であれば，$R \subseteq S \cup \{i\}$ ゆえ，$v(S \cup \{i\}) - v(S) = c - c = 0$ であり，そうでなければ，$i \notin R$ ゆえ，$S \cup \{i\}$ も R を含む集合とはならないから，$v(S \cup \{i\}) - v(S) = 0 - 0 = 0$ である．したがって，公理 2 から，$\psi_i(cv_R) = 0$ である．

さらに，R に属するプレイヤーはすべて (N, cv_R) において対称である．実際，R に属する任意の 2 人のプレイヤー i, j をとると，任意の提携 $S, i, j \notin S$ に関して，$R \subseteq S$ であれば，$R \subseteq S \cup \{i\}, R \subseteq S \cup \{j\}$ ゆえ，$v(S \cup \{i\}) = v(S \cup \{j\}) = c$ であり，$R \subseteq S$ でなければ，$i, j \in R$ で $i, j \notin S$ ゆえ，$S \cup \{i\}$ も $S \cup \{j\}$ も R を含む集合とはならないから，$v(S \cup \{i\}) = v(S \cup \{j\}) = 0$ である．したがって，公理 3 から，$\psi_i(cv_R) = \psi_j(cv_R)$ である．

公理 1 から，$\sum_{i \in N} \psi_i(cv_R) = cv_R(N) = c$ ゆえ，補題の結論が得られる． □

定理の証明． 補題 1.1 より，$\psi(v) = (\psi_1(v), \cdots, \psi_n(v))$ は，公理 1～4 を満た

す．したがって，公理 1〜4 を満たす関数が一意に定まることを示せば十分である．

いま，公理 1〜4 を満たす任意の関数を $\rho(v) = (\rho_1(v), \cdots, \rho_n(v))$ とし，任意の特性関数 $v \in \mathbf{V}$ をとる．補題 1.2 から，

$$v = \sum_{R \subseteq N} c_R v_R$$

となる $2^n - 1$ 個の実数 c_R, $R \subseteq N$, $R \neq \emptyset$ が一意に存在する．ここで，各提携 $R \subseteq N$ について，

$$v_R(S) = \begin{cases} 1 & R \subseteq S \text{ のとき} \\ 0 & \text{その他のとき} \end{cases}$$

である．ここで，c_R の中には負のものも存在しうるので，

$$v = \sum_{R \subseteq N, c_R \geq 0} c_R v_R - \sum_{R \subseteq N, c_R < 0} |c_R| v_R$$

と書き換えておく．$|c_R|$ は c_R の絶対値である．簡単のために，$\sum_{R \subseteq N, c_R \geq 0} c_R v_R$, $\sum_{R \subseteq N, c_R \geq 0} |c_R| v_R$ を v', v'' とすると，$v', v'' \in \mathbf{V}$ であり，$v = v' - v''$ である．したがって，公理 4 より，$\rho_i(v) = \rho_i(v') - \rho_i(v'')$ $\forall i \in N$ である．実際，$v + v'' = v'$ ゆえ，$\rho_i(v) + \rho_i(v'') = \rho_i(v')$ $\forall i \in N$, よって，$\rho_i(v) = \rho_i(v') - \rho_i(v'')$ $\forall i \in N$ が従う．補題 1.3 より，$\rho_i(v') = \sum_{i \in R \subseteq N, c_R \geq 0} c_R/r$, $\rho_i(v'') = \sum_{i \in R \subseteq N, c_R < 0} |c_R|/r$ ゆえ，

$$\rho_i(v) = \sum_{i \in R \subseteq N} c_R/r$$

である．ただし，r は提携 R に属するプレイヤーの数を表す．c_R は一意に定まるから，ρ_i は一意に定まる． □

1.10.5 シャープレイ値を導く新たな公理系

シャープレイ値を導く 4 つの公理のうち，加法性についてはその妥当性および適用可能性に関して議論があり，これを他の公理で置き換える研究がなされてきた．中でも，Young [92] は，加法性を，次の強単調性と呼ばれる公理をもって置き換えうることを示した．前節と同様，各ゲーム (N, v), $v \in \mathbf{V}$,

に対して，n 次元の実数ベクトルを与える関数を $\psi : \mathbf{V} \to \mathbb{R}^n$ とし，$\psi(v) = (\psi_1(v), \cdots, \psi_n(v))$ とする．

公理5　強単調性
　　ゲーム $v, u \in \mathbf{V}$ において，あるプレイヤー $i \in N$ に関して，
$$v(S \cup \{i\}) - v(S) \geq u(S \cup \{i\}) - u(S) \quad \forall S \subseteq N \setminus \{i\}$$
であれば，$\psi_i(v) \geq \psi_i(u)$ が成り立つ．

シャープレイ値がこの公理を満たすこと，さらには，次のより弱い公理を満たすことは，定義から明らかであろう．

公理5′　限界貢献度依存性
　　ゲーム $v, u \in \mathbf{V}$ において，あるプレイヤー $i \in N$ に関して，
$$v(S \cup \{i\}) - v(S) = u(S \cup \{i\}) - u(S) \quad \forall S \subseteq N \setminus \{i\}$$
であれば，$\psi_i(v) = \psi_i(u)$ が成り立つ．

シャープレイ値を導く4つの公理のうち，ナルプレイヤーに関する性質および加法性は，限界貢献度依存性で置き換えることができる．

定理 1.14. 全体合理性，対称性，限界貢献度依存性を満たす関数 ψ はただ1つに定まり，シャープレイ値と一致する．

証明． シャープレイ値が限界貢献度依存性を満たすことは明らかであるので一意性を証明する．

まず，補題1.2で示したように，任意の提携 $R \subseteq N$ に対して，特性関数 $v_R \in \mathbf{V}$ を

$$v_R(S) = \begin{cases} 1 & R \subseteq S \text{ のとき} \\ 0 & \text{その他のとき} \end{cases}$$

と定義すると，任意の特性関数 $v \in \mathbf{V}$ に対して，

$$v = \sum_{R \subseteq N} c_R v_R$$

となる $2^n - 1$ 個の実数 c_R, $R \subseteq N$, $R \neq \emptyset$ が一意に定まる．

さらに，定理 1.13 の証明で示したように，シャープレイ値は，この c_R を用いて，

$$\phi_i(v) = \sum_{i \in R \subseteq N} c_R / r$$

と与えられる．r は，R に属するプレイヤーの数 $|R|$ である．

したがって，全体合理性，対称性，限界貢献度依存性を満たす任意の関数 σ について，

$$\sigma_i(v) = \sum_{i \in R \subseteq N} c_R / r$$

となることを示せばよい．

任意の $v \in \mathbf{V}$ をとり，

$$v = \sum_{R \subseteq N} c_R v_R$$

とする．この表現において，0 でない c_R の個数を $No(v)$ と表す．$No(v)$ に関する帰納法を用いて証明する．

$No(v) = 0$ のときには，$v = 0$，つまり，すべての $S \subseteq N$ について $v(S) = 0$ である．この特性関数を，以下 v^0 と表す．v^0 においては，すべてのプレイヤーが対称であるから，対称性により，任意のプレイヤー $i, j \in N$ に関して，$\sigma_i(v^0) = \sigma_j(v^0)$ である．さらに，$v^0(N) = 0$ ゆえ，全体合理性から $\sum_{i \in N} \sigma_i(v^0) = v^0(N) = 0$，したがって，すべての $i \in N$ について，$\sigma_i(v^0) = 0$ となり，シャープレイ値 ϕ_i も $\phi_i(v^0) = 0$ となることは明らかゆえ，σ はシャープレイ値に一致する．

$No(v) = 1$ のときには，ある R に対して，$v = c_R v_R$ が成り立つ．$i \notin R$

1.10 シャープレイ値

となるプレイヤー i が存在したとし，任意の $S \subseteq N \setminus \{i\}$ をとる．もし $R \subseteq S$ であれば，$R \subseteq S \cup \{i\}$ ゆえ，$v(S \cup \{i\}) - v(S) = c_R - c_R = 0$ であり，また，$R \subseteq S$ でなければ，$i \notin R$ ゆえ，$R \subseteq S \cup \{i\}$ とならないから，$v(S \cup \{i\}) - v(S) = 0 - 0 = 0$ である．いま，上で定義した $v(S) = 0 \; \forall S \subseteq N$ となるゲーム v^0 をとると，$v^0(S \cup \{i\}) - v^0(S) = 0 - 0 = 0 \; \forall S \subseteq N \setminus \{i\}$ ゆえ，

$$v(S \cup \{i\}) - v(S) = 0 = v^0(S \cup \{i\}) - v^0(S)$$

であるから，限界貢献度依存性と上で示した事実から，$\sigma_i(v) = \sigma_i(v^0) = 0$ となる．

次に，任意の $i, j \in R$ をとると，i, j は対称なプレイヤーになる．実際，任意の $S \subseteq N \setminus \{i, j\}$ をとると，$S, S \cup \{i\}, S \cup \{j\}$ は，すべて R を含まないから，$v(S), v(S \cup \{i\}), v(S \cup \{j\})$ はすべて 0 であり，$v(S \cup \{i\}) - v(S) = v(S \cup \{j\}) - v(S) = 0$ が成り立つ．したがって，対称性から，$\sigma_i(v) = \sigma_j(v)$ である．

$R \subseteq N$ ゆえ，$v(N) = c_R$ となるから，$\sigma_i(v) = 0 \; \forall i \notin R$, $\sigma_i(v) = \sigma_j(v) \; \forall i, j \in R$ となることより，$\sigma_i(v) = \dfrac{c_R}{r}$ を得る．ここで，r は R に属するプレイヤーの数 $|R|$ である．

いま，$t \geq 1$ となる t をとり，$No(v) \leq t \; (t \geq 1)$ となる v について $\sigma_i(v) = \sum_{i \in R \subseteq N} \dfrac{c_R}{r}$ が成り立つと仮定する．

次に，$No(v) = t + 1$ となる v をとり，

$$v = \sum_{k=1}^{t+1} c_{R_k} v_{R_k}$$

とする．$c_{R_k} \neq 0 \; \forall k = 1, \cdots, t+1$ である．

ここで，$R = \bigcap_{k=1}^{t+1} R_k$ とし，まず，$i \notin R$ の場合を考える．$i \notin R_k$ となる R_k が少なくとも1つ存在する．

$$w = \sum_{k=1, \; i \in R_k}^{t+1} c_{R_k} v_{R_k}$$

とすると，$i \notin R_k$ となる R_k が少なくとも 1 つ存在するので，$No(w) \leq t$ となる．したがって，帰納法の仮定から，$\sigma_i(w) = \sum_{k=1, i \in R_k}^{t+1} \dfrac{c_{R_k}}{r_k}$ が成り立つ．r_k は R_k に属するプレイヤーの数 $|R_k|$ である．さらに，この i に関して

$$w(S \cup \{i\}) - w(S) = v(S \cup \{i\}) - v(S)$$

がすべての $S \subseteq N \setminus \{i\}$ について成り立つ．実際，

$$v = \sum_{k=1,\, i \in R_k}^{t+1} c_{R_k} v_{R_k} + \sum_{k=1,\, i \notin R_k}^{t+1} c_{R_k} v_{R_k}$$

ゆえ，

$$v(S \cup \{i\}) = \sum_{k=1,\, i \in R_k \subseteq S \cup \{i\}}^{t+1} c_{R_k} + \sum_{k=1,\, i \notin R_k \subseteq S \cup \{i\}}^{t+1} c_{R_k}$$

であり，さらに，$S \subseteq N \setminus \{i\}$ ゆえ，

$$v(S) = \sum_{k=1,\, i \notin R_k \subseteq S}^{t+1} c_{R_k}$$

である．また，

$$w = \sum_{k=1,\, i \in R_k}^{t+1} c_{R_k} v_{R_k}$$

ゆえ，$S \subseteq N \setminus \{i\}$ から，

$$w(S \cup \{i\}) = \sum_{k=1,\, i \in R_k \subseteq S \cup \{i\}}^{t+1} c_{R_k}, \quad w(S) = 0,$$

したがって，

$$w(S \cup \{i\}) - w(S) = v(S \cup \{i\}) - v(S)$$

が成り立つ．よって，限界貢献度依存性により，

$$\sigma_i(v) = \sigma_i(w) = \sum_{k=1,\ i \in R_k}^{t+1} \frac{c_{R_k}}{r_k} = \sum_{i \in R} \frac{c_R}{r}$$

が成り立ち，シャープレイ値と一致する．ここで，r_k, r はそれぞれ R_k, R に属するプレイヤーの数である．

次に，$i \in R = \cap_{k=1}^{t+1} R_k$ の場合を考える．このとき，R に属する任意の2人のプレイヤーは対称である．実際，$j, k \in R$ と $S \subseteq N \setminus \{j, k\}$ をとると，$S \cup \{j\}$, $S \cup \{k\}$ は，R を含まず，したがって，どの R_k, $k = 1, \cdots, t+1$ も含まないから，$v(S \cup \{j\}) = v(S \cup \{k\}) = 0$ である．よって，対称性から $\sigma_i(v)$ はすべての $i \in R$ に関して一定である．一方，シャープレイ値も対称性を満たすから，すべての $i \in R$ に関して一定である．上で証明したように，すべての $i \notin R$ に関して，$\sigma_i(v)$ は v における i のシャープレイ値と一致し，さらに，σ, シャープレイ値はともに全体合理性を満たすから，すべてのプレイヤーに関しての和はともに $v(N)$ に等しい．したがって，すべての $i \in R$ に関しても $\sigma_i(v)$ は v における i のシャープレイ値と一致し，したがって，$\sigma(v)$ は v におけるシャープレイ値と一致する．□

シャープレイ値のこの公理化は，加法性公理をまったく用いずに，値が限界貢献度に依存するという性質と全体合理性，対称性のみからシャープレイ値を導き出しており興味深い．

1.11 凸ゲーム

1.11.1 凸ゲームとは

本節では，提携の人数が増えれば増えるほど，新たに加わるプレイヤーの貢献度が増加するような凸ゲームというクラスのゲームを扱う．凸ゲームは，ゲームの構造や解が数学的に美しいだけでなく，本節の最後に述べるように，モデル化すると凸ゲームになるような経済・社会現象も多く，実際の問題を分析するうえでも重要なクラスのゲームである．

1.3 節の例 1.3 を振り返ってみよう．このゲームの（ゼロ正規化された）特

性関数は，

$$v'(\{1,2,3\}) = 20,$$
$$v'(\{1,2\}) = 6, \quad v'(\{1,3\}) = 0, \quad v'(\{2,3\}) = 8,$$
$$v'(\{1\}) = v'(\{2\}) = v'(\{3\}) = 0, \quad v'(\emptyset) = 0$$

で与えられる．このゲームのコアは配分の全体を表す基本三角形の各辺と交わりをもつ非常に大きな集合となることは，1.5.2 節ですでに見たとおりである．

いま，この特性関数における各プレイヤーの貢献度を見てみよう．貢献度の定義については，1.10 節の定義 1.19 を振り返っていただきたい．まず，プレイヤー 1 については，

$$v'(\{1\}) - v'(\emptyset) = 0 - 0 = 0, \quad v'(\{1,2\}) - v'(\{2\}) = 6 - 0 = 6$$
$$v'(\{1,3\}) - v'(\{3\}) = 0 - 0 = 0, \quad v'(\{1,2,3\}) - v'(\{2,3\}) = 20 - 8 = 12$$

であり，各 $S \subseteq N \setminus \{1\}$ に対して，$v'(S \cup \{1\}) - v'(S)$ の値は，S が大きくなればなるほど大きくなる．つまり，プレイヤー 1 の貢献度は，加わる提携が大きくなればなるほど，大きくなる．プレイヤー 2, 3 についても同様である．読者自身で確かめていただきたい．このようなゲームを凸ゲームという．正確な定義を次節において与えよう．

1.11.2 凸ゲームの定義

定義 1.24 (凸ゲーム)．ゲーム (N, v) において，任意のプレイヤー $i \in N$ と i を含まない任意の 2 つの提携 $T, S, T \subseteq S, i \notin S$，に対して，

$$v(T \cup \{i\}) - v(T) \leq v(S \cup \{i\}) - v(S)$$

が成り立つとき，(N, v) を凸ゲームという．

凸ゲームとは，各プレイヤーの貢献度が加わる提携が大きくなればなるほど大きくなるようなゲームである．凸ゲームが戦略上同等な変換によって影響を受けないことは明らかであろう．

凸ゲームの条件は，次の定理に示すように，特性関数 v に関する別の条件

で書き換えることができる[9].

定理 1.15. ゲーム (N,v) が凸ゲームとなるための必要十分条件は，任意の2つの提携 T,S に対して，

$$v(S) + v(T) \leq v(S \cup T) + v(S \cap T)$$

が成り立つことである．

証明．（必要性）任意の2つの提携 T,S をとる．$T \subseteq S$ または $S \subseteq T$ であれば，明らかに成り立つので，$S \setminus T \neq \emptyset$, $T \setminus S \neq \emptyset$ とし，$T \setminus S = \{i_1, \cdots, i_k\}$, $S \cap T = R$ とする．R は空集合の場合もある．このとき，$R \subseteq S$ で $i_1, \cdots, i_k \notin S$ ゆえ，凸ゲームの定義より，

$$v(R \cup \{i_1\}) - v(R) \leq v(S \cup \{i_1\}) - v(S)$$
$$v(R \cup \{i_1, i_2\}) - v(R \cup \{i_1\}) \leq v(S \cup \{i_1, i_2\}) - v(S \cup \{i_1\})$$
$$\vdots$$
$$v(R \cup \{i_1, \cdots, i_{k-1}, i_k\}) - v(R \cup \{i_1, \cdots, i_{k-1}\})$$
$$\leq v(S \cup \{i_1, \cdots, i_{k-1}, i_k\}) - v(S \cup \{i_1, \cdots, i_{k-1}\})$$

以上の不等式の両辺をすべて加えると，

$$v(R \cup \{i_1, \cdots, i_{k-1}, i_k\}) - v(R) \leq v(S \cup \{i_1, \cdots, i_{k-1}, i_k\}) - v(S)$$

ここで，$R = S \cap T$, $R \cup \{i_1, \cdots, i_{k-1}, i_k\} = T$, $S \cup \{i_1, \cdots, i_{k-1}, i_k\} = S \cup T$ ゆえ，

$$v(T) - v(S \cap T) \leq v(S \cup T) - v(S)$$

したがって，

---

[9] Shapley [74] をはじめ，多くの文献では，以下の定理 1.15 の不等式を凸ゲームの定義として用いている．

$$v(S) + v(T) \leq v(S \cup T) + v(S \cap T)$$

が成り立つ.

（十分性）任意のプレイヤー $i \in N$ と i を含まない任意の2つの提携 S, T, $T \subseteq S$, をとる．このとき，$S' = S$, $T' = T \cup \{i\}$ とすると，$S' \cap T' = T$, $S' \cup T' = S \cup \{i\}$. したがって，定理の条件より,

$$v(S) + v(T \cup \{i\}) \leq v(S \cup \{i\}) + v(T)$$

よって

$$v(T \cup \{i\}) - v(T) \leq v(S \cup \{i\}) - v(S)$$

が成り立つ. □

例 1.3 の特性関数がこの定理の条件を満たしていることを確かめていただきたい．

なお，この定理の条件において，$S \cap T = \emptyset$ となる S, T をとれば，$v(S) + v(T) \leq v(S \cup T)$ となるから，凸ゲームは必ず優加法的なゲームとなる．

次節以降，凸ゲームにおいては解が美しい構造をもつことを見ていく．まずコアからはじめる.

1.11.3 コ ア

まず，1.5.2 節の例 1.3 のコアを振り返ってみよう．図 1.2 を思い出していただきたい．

いま，コアの1つの端点である点 F をとると，$x_1 = 12 = v(\{1,2,3\}) - v(\{2,3\})$, $x_2 = 8 = v(\{2,3\}) - v(\{3\})$, $x_3 = 0 = v(\{3\}) - v(\emptyset)$ であり，この点における各プレイヤーの利得は，シャープレイ値のところで述べたように，3, 2, 1 の順にプレイヤーが加わって全員提携がつくられるときの各プレイヤーの貢献度になっている．

同様にして，点 E では 2, 3, 1 の順，点 D では 2, 1, 3 の順，点 G では 1, 2, 3 の順，点 B では 1, 3, 2 ないしは 3, 1, 2 の順にプレイヤーが加わって全員提携

がつくられる場合の貢献度が,それぞれの点の各プレイヤーの利得になっている.

このことは凸ゲームにおいて一般に成り立つ.いま,シャープレイ値の説明で用いたのと同様に,n 人のプレイヤーを並べた順列を $\pi = (\pi(1), \cdots, \pi(n))$ と表し,$n!$ 個の順列 π の全体を Π とする.順列 π におけるプレイヤー $\pi(k)$ の貢献度は

$$v(\{\pi(1), \cdots, \pi(k-1), \pi(k)\}) - v(\{\pi(1), \cdots, \pi(k-1)\})$$

で与えられる.順列 π において,プレイヤー $\pi(k)$ の先行者 $\pi(1), \cdots, \pi(k-1)$ の集合を $P^{\pi,\pi(k)}$ と表す.ただし,プレイヤー $\pi(1)$ については,$P^{\pi,\pi(1)} = \emptyset$ である.プレイヤー $\pi(k)$ の順列 π における貢献度は,$v(P^{\pi,\pi(k)} \cup \{\pi(k)\}) - v(P^{\pi,\pi(k)})$ である.このプレイヤー $\pi(k)$ の貢献度を $x(\pi, \pi(k))$ で表し,各プレイヤー i の貢献度 $x(\pi, i)$ をプレイヤー 1 から n まで順に並べた n 次元ベクトル $(x(\pi, 1), \cdots, x(\pi, n))$ を $x(\pi)$ と表す.

定理 1.16. (N, v) を凸ゲームとする.このとき,任意の順列 $\pi \in \Pi$ に対して,$x(\pi) \in \mathcal{C}(v)$ である.

証明. 先に注意したように,凸ゲームの特性関数は優加法性を満たすから,優加法的なゲームにおいてシャープレイ値が配分となることを示した定理 1.12 の証明より,$x(\pi)$ が配分であることは従う.

次に $x(\pi)$ が提携合理性を満たすことを示す.任意の提携 $S \subseteq N$ をとり,$N \setminus S = \{\pi(i_1), \cdots, \pi(i_k)\}$,ただし $i_1 < \cdots < i_k$ とする.このとき,$\{\pi(1), \cdots, \pi(i_1 - 1)\} \subseteq S$ ゆえ,凸ゲームの定義より,

$$v(\{\pi(1), \cdots, \pi(i_1 - 1), \pi(i_1)\}) - v(\{\pi(1), \cdots, \pi(i_1 - 1)\})$$
$$\leq v(S \cup \{\pi(i_1)\}) - v(S)$$

したがって,$x(\pi)$ の定義から,

$$x(\pi, \pi(i_1)) \leq v(S \cup \{\pi(i_1)\}) - v(S)$$

である．次にプレイヤー $\pi(i_2)$ をとると，$\{\pi(1), \cdots, \pi(i_2-1)\} \subseteq S \cup \{\pi(i_1)\}$ ゆえ，凸ゲームの定義と $x(\pi)$ の定義から，

$$x(\pi, \pi(i_2)) \leq v(S \cup \{\pi(i_1), \pi(i_2)\}) - v(S \cup \{\pi(i_1)\})$$

以下同様にして，

$$x(\pi, \pi(i_\ell)) \leq v(S \cup \{\pi(i_1), \cdots, \pi(i_{\ell-1}), \pi(i_\ell)\}) - v(S \cup \{\pi(i_1), \cdots, \pi(i_\ell)\})$$
$$\forall \ell = 3, \cdots, k$$

以上の不等式の両辺をすべて加えると，

$$\sum_{i \in N \setminus S} x(\pi, i) = x(\pi, \pi(i_1)) + \cdots + x(\pi, \pi(i_k))$$
$$\leq v(S \cup \{\pi(i_1), \cdots, \pi(i_k)\}) - v(S) = v(N) - v(S)$$

したがって，

$$\sum_{i \in S} x(\pi, i) = v(N) - \sum_{i \in N \setminus S} x(\pi, i) \geq v(N) - (v(N) - v(S)) = v(S)$$

が成り立ち，提携合理性が成り立つ． □

実は，凸ゲームのコアは，n 人のプレイヤーの $n!$ 個の順列 π の各々に対応する $n!$ 個の n 次元ベクトル $x(\pi)$ を頂点とする凸多面体となることが知られている．詳しくは Shapley [74] を参照．

1.11.4 安定集合

例 1.3 において，コアそれ自身が安定集合であったが，これは一般の凸ゲームにおいて成り立つ．

定理 1.17． (N, v) を凸ゲームとし，このコアを $\mathcal{C}(v)$ とする．このとき，$\mathcal{C}(v)$ はこのゲームの安定集合となる．

証明. 内部安定性はコアの定義より明らかゆえ，外部安定性を示す．コア $\mathcal{C}(v)$ に属さない任意の配分 y をとり，各非空な提携 S に対して，

$$g(S) = \frac{v(S) - \sum_{i \in S} y_i}{|S|}$$

とする．空集合 $\emptyset$ に対しては，$g(\emptyset) = 0$ とする．$|S|$ は S に属するプレイヤーの数である．

いま，$g(S)$ を最大にする S を S^* とすると，$y \notin \mathcal{C}(v)$ ゆえ，$\sum_{i \in S} y_i < v(S)$ となる S が少なくとも 1 つ存在するから，$g(S^*) > 0$ である．また，y は配分ゆえ $g(N) = 0$ であるから，$S^* \neq N$ である．

ここで，まず S^* に属するプレイヤー，次いで S^* に属さないプレイヤーという順にすべてのプレイヤーを並べて，各プレイヤーの貢献度を求め，それをもとに作られるベクトルを a とする．このとき，$\sum_{i \in S^*} a_i = v(S^*)$ であり，(N, v) が凸ゲームであるから定理 1.16 で示したように，a はコア $\mathcal{C}(v)$ に属する配分である．

いま，利得ベクトル $x = (x_1, \cdots, x_n)$ を

$$x_i = \begin{cases} y_i + g(S^*) & i \in S^* \\ a_i & i \notin S^* \end{cases}$$

と定義する．このとき，$x \in \mathcal{C}(v)$ かつ $x \, dom_{S^*} \, y$ であることを示す．

まず，x が配分であることは，x および a の定義から明らかである．次に，任意の提携 $S \subset N$ をとると，

$$\begin{aligned}
\sum_{i \in S} x_i &= \sum_{i \in S \cap S^*} x_i + \sum_{i \in S \setminus S^*} x_i \\
&= \sum_{i \in S \cap S^*} y_i + |S \cap S^*| g(S^*) + \sum_{i \in S \setminus S^*} a_i \\
&\geq \sum_{i \in S \cap S^*} y_i + |S \cap S^*| g(S \cap S^*) + \sum_{i \in S \cup S^*} a_i - \sum_{i \in S^*} a_i
\end{aligned}$$

$$\geq \sum_{i \in S \cap S^*} y_i + |S \cap S^*| \frac{v(S \cap S^*) - \sum_{i \in S \cap S^*} y_i}{|S \cap S^*|} + v(S \cup S^*) - v(S^*)$$
$$= v(S \cap S^*) + v(S \cup S^*) - v(S^*)$$
$$\geq v(S)$$

が成り立つ．第2番目の等号は x の定義，最初の不等号は $g(S^*)$ の最大性，第2番目の不等号は g の定義，a の定義，および a がコアに属すること，最後の不等号は (N,v) の凸性から従う．したがって，$x \in \mathcal{C}(v)$ となる．

最後に x の定義と $g(S^*) > 0$ となることより，

$$x_i > y_i \quad \forall i \in S^*$$

であり，さらに，x と $g(S)$ の定義から，

$$\sum_{i \in S^*} x_i = \sum_{i \in S^*} y_i + |S^*| g(S^*) = v(S^*)$$

となるから，$x \, dom_{S^*} \, y$ が得られる．$|S^*|$ は S^* に属するプレイヤーの数である． □

1.11.5 交渉集合

凸ゲームにおいては，コアはそれ自身交渉集合ともなる．以下の凸ゲームにおける交渉集合とカーネルの性質は，Maschler, Peleg and Shapley [45] による．

定理 1.18. (N,v) を凸ゲームとし，このコアを $\mathcal{C}(v)$，交渉集合を $\mathcal{B}(v)$ とする．このとき，$\mathcal{C}(v) = \mathcal{B}(v)$ である．

証明． すでに証明したように，$\mathcal{C}(v) \subseteq \mathcal{B}(v)$ は一般に成り立つ．$\mathcal{C}(v) \subset \mathcal{B}(v)$ と仮定し，任意の $x \in \mathcal{B}(v) \setminus \mathcal{C}(v)$ をとる．

$x \notin \mathcal{C}(v)$ ゆえ，$e(S,x) = v(S) - \sum_{i \in S} x_i > 0$ となる $S \subseteq N$ が存在する．$e(S,x)$ が最大となる提携 S の集合を $\mathcal{D}(x)$ とする．つまり，

$$\mathcal{D}(x) = \{S \subseteq N \mid e(S,x) \geq e(T,x) \quad \forall T \subseteq N\}$$

任意の $S \in \mathcal{D}(x)$ について，$e(S,x) > 0$ である．$\mathcal{D}(x)$ に属する提携のうち，集合の包含関係に関して極大となるものを1つとり S^* とする．$e(N,x) = e(\emptyset,x) = 0$ ゆえ，$S^* \neq N, \emptyset$ である．

各 $S \subseteq S^*$ に対して $e(S,x)$ を $u(S)$ と表す．さらに，各 $S \subseteq S^*$ に対して $\bar{u}$ を，

$$\bar{u}(S) = \max_{S' \subseteq S} u(S')$$

で定義する．このとき，S^* をプレイヤーの集合とし，$\bar{u}$ を特性関数とする特性関数形ゲーム $(S^*, \bar{u})$ は凸ゲームになる．実際，任意の提携 $T, R \subseteq S^*$ をとり，$\bar{u}(T) = \max_{T' \subseteq T} u(T') = u(T^*)$，$\bar{u}(R) = \max_{R' \subseteq R} u(R') = u(R^*)$ とすると，

$$\begin{aligned}
\bar{u}(T) + \bar{u}(R) &= u(T^*) + u(R^*) \\
&= e(T^*,x) + e(R^*,x) \\
&= v(T^*) - \sum_{i \in T^*} x_i + v(R^*) - \sum_{i \in R^*} x_i \\
&\leq v(T^* \cup R^*) - \sum_{i \in T^*} x_i + v(T^* \cap R^*) - \sum_{i \in R^*} x_i \\
&= v(T^* \cup R^*) - \sum_{i \in T^* \cup R^*} x_i + v(T^* \cap R^*) - \sum_{i \in T^* \cap R^*} x_i \\
&= u(T^* \cup R^*) + u(T^* \cap R^*) \\
&\leq \bar{u}(T \cup R) + \bar{u}(T \cap R)
\end{aligned}$$

ここで，最初の不等号は (N,v) が凸ゲームであること，次の不等号は，$T^* \subseteq T$, $R^* \subseteq R$ ゆえ，$T^* \cup R^* \subseteq T \cup R$, $T^* \cap R^* \subseteq T \cap R$ となることと，$\bar{u}$ の定義から従う．

$(S^*, \bar{u})$ が凸ゲームとなるから，すでに示したようにそのコアは非空である．そこでコアの配分を1つとり，それを $c = (c_i)_{i \in S^*}$ とする．いま，全体合理性から $\sum_{i \in S^*} c_i = \bar{u}(S^*)$ で，S^* は $\mathcal{D}(x)$ の要素であることおよび $\bar{u}$ の定義か

ら $\bar{u}(S^*) = u(S^*) = v(S^*) - \sum_{i \in S^*} x_i > 0$ ゆえ, $c_i > 0$ となる $i \in S^*$ が少なくとも 1 人存在する. このようなプレイヤーの 1 人を k とする. さらに, $S^* \neq N$ ゆえ, $\ell \in N \setminus S^*$ となるプレイヤー ℓ がとれる.

いま, x におけるプレイヤー k の ℓ に対する異議 (y, S^*) を

$$y_i = \begin{cases} x_k + \dfrac{c_k}{|S^*|} & i = k \\ x_i + c_i + \dfrac{c_k}{|S^*|} & i \in S^* \setminus \{k\} \\ a_i & i \in N \setminus S^* \end{cases}$$

と定義する. ここで, $a = (a_i)_{i \in N \setminus S^*}$ は, $N \setminus S^* = \{i_1, \cdots, i_{n-s^*}\}$ (ただし, s^* は S^* に含まれるプレイヤーの数 $|S^*|$) のプレイヤーをこの順に並べて,

$$a_{i_j} = v(S^* \cup \{i_1, \cdots, i_{j-1}, i_j\}) - v(S^* \cup \{i_1, \cdots, i_{j-1}\}) \quad \forall j = 1, \cdots, n - s^*$$

によって与えたベクトルである.

これが異議になっていることを確かめる. まず,

$$\sum_{i \in N} y_i = \sum_{i \in S^*} y_i + \sum_{i \in N \setminus S^*} y_i$$
$$= \sum_{i \in S^*} x_i + \sum_{i \in S^*} c_i + \sum_{i \in N \setminus S^*} a_i$$
$$= \sum_{i \in S^*} x_i + v(S^*) - \sum_{i \in S^*} x_i + v(N) - v(S^*)$$
$$= v(N)$$

である. ここで, 2 番目の等号は y_i の定義, 3 番目の等号は

$$\sum_{i \in S^*} c_i = \bar{u}(S^*) = u(S^*) = v(S^*) - \sum_{i \in S^*} x_i$$

となることと a_i の定義から従う.

さらに, $c = (c_i)_{i \in S^*}$ が特性関数形ゲーム $(S^*, \bar{u})$ のコアに属する配分となることから, $c_i \geq \bar{u}(\{i\}) = u(\{i\}) = v(\{i\}) - x_i$ である. したがって, x が配分であること, $c_k > 0$ となることとあわせ, $y_i \geq v(\{i\}) \quad \forall i \in S^*$ が従う. また, $a = (a_i)_{i \in N \setminus S^*}$ の定義と, ゲーム (N, v) は凸ゲームゆえ v が優加法性を

満たすことから，$a_i \geq v(\{i\})\ \forall i \in N \setminus S^*$ である．よって，y はゲーム (N, v) の配分となる．さらに，$c_k > 0$ ゆえ，$y_i > x_i\ \forall i \in S^*$ であり，すでに上で示したように $\sum_{i \in S^*} y_i = v(S^*)$ となることから，(y, S^*) は x におけるプレイヤー k の ℓ に対する異議となる．

x は交渉集合に属するから，ℓ の k に対する逆異議 (z, T) が存在する．逆異議ゆえ，$\ell \in T,\ k \notin T$ であり，$z = (z_i)_{i \in N}$ はゲーム (N, v) の配分で

$$z_i \geq x_i\ \forall i \in T \setminus S^*$$
$$z_i \geq y_i\ \forall i \in T \cap S^*$$
$$\sum_{i \in T} z_i \leq v(T)$$

である．したがって，

$$\sum_{i \in T \setminus S^*} x_i + \sum_{i \in T \cap S^*} y_i \leq \sum_{i \in T \setminus S^*} z_i + \sum_{i \in T \cap S^*} z_i = \sum_{i \in T} z_i \leq v(T)$$

が成り立たなければならない．

以下，この不等式が成り立たないことを示す．まず，$T \cap S^* \subset S^*$ で，$c = (c_i)_{i \in S^*}$ はゲーム $(S^*, \bar{u})$ のコアに属するから，

$$\sum_{i \in T \cap S^*} c_i \geq \bar{u}(T \cap S^*)$$
$$\geq u(T \cap S^*) = e(T \cap S^*, x)$$
$$\geq e(T, x) + e(S^*, x) - e(T \cup S^*, x) > e(T, x)$$

が成り立つ．最初の不等号は，$c = (c_i)_{i \in S^*}$ が $(S^*, \bar{u})$ のコアに属すること，2 番目の不等号は $\bar{u}$ の定義，3 番目の不等号は，(N, v) が凸ゲームであること，最後の不等号は，S^* が $\mathcal{D}(x)$ に属する提携のうち集合の包含関係に関して極大となるものであること，および $\ell \in N \setminus S^*$ で $\ell \in T$ ゆえ $S^* \subset T \cup S^*$ となることから従う．ここで，$T \cap S^* \subseteq S^* \setminus \{k\}$ であることに注意すれば，

$$v(T) = v(T) - \sum_{i \in T} x_i + \sum_{i \in T} x_i$$
$$= e(T,x) + \sum_{i \in T} x_i$$
$$< \sum_{i \in T \cap S^*} c_i + \sum_{i \in T} x_i$$
$$= \sum_{i \in T \cap S^*} y_i - \sum_{i \in T \cap S^*} x_i - \frac{c_k}{|S^*|}|T \cap S^*| + \sum_{i \in T} x_i$$
$$< \sum_{i \in T \cap S^*} y_i - \sum_{i \in T \cap S^*} x_i + \sum_{i \in T} x_i$$
$$= \sum_{i \in T \cap S^*} y_i + \sum_{i \in T \setminus S^*} x_i$$

が成り立つ．ここで，最初の不等号は上で証明したこと，この不等号の次の等号は y の定義，第 2 番目の不等号は，$c_k > 0$ より従う．

よって矛盾が導かれ，したがって，$\mathcal{C}(v) = \mathcal{B}(v)$ である． □

1.11.6 カーネル

凸ゲームにおいては，カーネルはただ 1 つの配分からなる．

定理 1.19. (N,v) を凸ゲームとし，このカーネルを $\mathcal{K}(v)$ とする．このとき，$\mathcal{K}(v)$ は 1 点集合となる．

この定理の証明には，第 3 章で述べるプレカーネルおよび縮小ゲーム整合性公理が必要であるので，第 3 章で与えることとする．

前に証明したように，カーネルは仁を含むから，次の系が成り立つ．

系 1.1. (N,v) を凸ゲームとし，このカーネルを $\mathcal{K}(v)$，仁を $\nu(v)$ とする．このとき，$\mathcal{K}(v) = \{\nu(v)\}$ である．

1.11.7 凸ゲームおよび TU ゲームの適用例

特性関数形ゲームとしてモデル化すると凸ゲームとなる事例は，われわれの

経済・社会システムにおいてしばしば見受けられる．協力ゲームでこれまで扱われた代表的なものとしては，Shapley and Shubik [76] による湖の汚染と廃水の浄化の問題，Littlechild and Owen [42] による飛行場の滑走路補修費用分担の問題，Aumann and Maschler [11] による破産問題などがある．これらの事例については，岡田 [59]，中山 [55]，船木 [23] を参照していただきたい．

　凸ゲームに限らず，TU ゲームは経済システム，投票システムの分析などに適用例が多い．詳しくは上記の文献の他，鈴木・武藤 [82]，武藤・小野 [52] などを参照していただきたい．

…

第 2 章　NTU ゲーム

2.1　譲渡可能効用を仮定しない提携形ゲーム

これまでに述べた協力ゲームでは，利得は譲渡可能効用（transferable utility, TU），すなわち，プレイヤーの間で自由に譲渡できるものと仮定されていた．しかし，たとえば，経済学ではこのような仮定はなされないのが普通である．それゆえ，経済学からすれば，TU ではないゲーム，すなわち，**NTU ゲーム**の理論が望まれる．この章では，NTU 特性関数の考え方からはじめて，コア，仁およびシャープレイ値の NTU への拡張について述べよう．

2.1.1　NTU 特性関数

定義 2.1. NTU ゲームとは，ここでは以下の条件を満たす組 (N, F, V) をいう．

(1) N はプレイヤーの集合で，$\#N = n$
(2) F は達成可能な結果の集合で，$F \subseteq \mathbb{R}^N$
(3) V は $\mathcal{N} = 2^N$ から $\mathbb{R}^N$ の中への写像で，各 $S \in \mathcal{N}$ について次の条件を満たす：
  (a) $V(S) \subseteq \mathbb{R}^N$ は非空な閉集合で $V(\emptyset) = \emptyset$ を満たす．
  (b) $V(S)$ は包括的, すなわち $x \in V(S)$ かつ $y \leq x$ ならば $y \in V(S)$．
  (c) 集合 $Q(S) = \{x \in \mathbb{R}^N \mid x \in V(S), \text{ and } x \notin \text{int } V(\{i\}) \; \forall i \in S\}$ は，$\mathbb{R}^S$ に相対な非空かつ有界な部分集合，すなわち，ある実数 M をとれば，$x_i \leq M \; (\forall i \in S)$ かつ $x \in Q(S)$．

(d) F は閉集合で, $x \in V(N) \iff \exists y \in F$ が存在して $x \leq y$.

上で定義した写像 V は, ゲーム (N, F, V) の **NTU 特性関数**と呼ばれるものである. また, $F \subseteq V(N)$ であることに注意しておこう. 実際, $\xi \in F$ ならば, $\xi \leq \xi$ だから, $\xi \in V(N)$ となる. $F = V(N)$ のときは, F を省略して (N, V) で NTU ゲームを表すことがある.

定義 2.2. NTU ゲーム (N, F, V) が, 優加法的であるとは

$$V(S) \cap V(T) \subseteq V(S \cup T), \quad \forall S, T \subseteq N \text{ with } S \cap T = \emptyset.$$

であることをいう.

また, TU ゲームに対応する, 凸ゲームの定義をここで述べておこう.

定義 2.3. NTU ゲーム (N, F, V) が凸であるとは

$$V(S) \cap V(T) \subseteq V(S \cup T) \cup V(S \cap T), \quad \forall S, T \subseteq N.$$

であることをいう.

ゲームが凸ならば優加法的であることはこの定義から明らかである.

2.2 コ ア

定義 2.4. 提携 S が利得ベクトル y を改善するとはある $x \in V(S)$ が存在して, $x_i > y_i$ ($\forall i \in S$) となることをいう.

定義 2.5. ゲーム (N, F, V) のコア $\mathcal{C}(V)$ とは, いかなる提携にも改善されない F の利得ベクトルの全体, すなわち,

$$\mathcal{C}(V) = F \setminus \bigcup_{S \neq \emptyset,\, S \subseteq N} \text{int } V(S)$$

いま，$x \in \mathcal{C}(V)$ とすれば，x はいかなる S についてもその内点ではないので，改善されない．逆に，$x \in F$ である以上，$x \notin \mathcal{C}(V)$ ならばある $S \subseteq N$ について，x はその内点である．すると，x の近傍に $y_i > x_i$ ($\forall i \in S$) を満たす利得ベクトル y が存在するので，x は改善される．この事実によって，コアをこのように定義することができるのである．

以下では，特に断らない限り $F = V(N)$ としておく．

例 2.1. 以下のようなゲーム V を考える．$N = \{1, 2, 3\}$, $0 \leq w < 1$ として

$$V(N) = \{u \in \mathbb{R}^N \mid u_1 + u_2 + u_3 \leq 2 + w\}$$
$$V(\{i,j\}) = \{u \in \mathbb{R}^N \mid u_i \leq 1,\ u_j \leq 1\},\ \forall i, j \in N, (i \neq j)$$
$$V(\{k\}) = \{u \in \mathbb{R}^N \mid u_k \leq w\},\ \forall k \in N.$$

すると，図 2.1 に示すように，コア $\mathcal{C}(V) = \{(1, 1, w),\ (1, w, 1),\ (w, 1, 1)\}$,

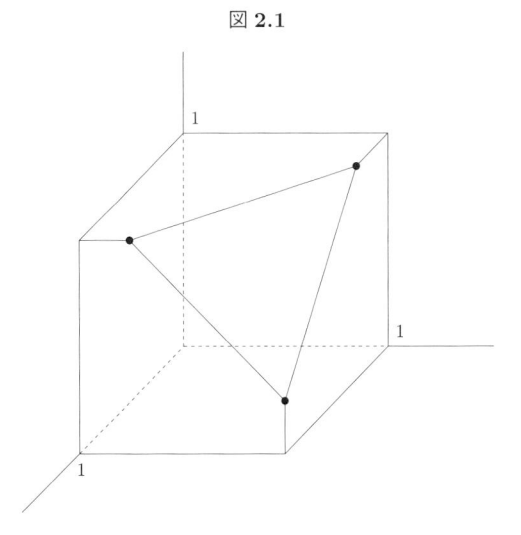

図 **2.1**

となる．これはもちろん凸集合ではないことに注意．

2.2.1 平衡ゲーム

定義 2.6. N の空でない真部分集合の族 Γ が平衡集合族であるとは，各 $S \in \Gamma$ について正の重み $\gamma_S > 0$ が存在して，

$$\sum_{S \in \Gamma,\ S \ni i} \gamma_S = 1 \quad \forall i \in N$$

となることをいう．

例 2.2. $N = \{1, 2, 3\}$ のとき，$\Gamma = \{\{1,2\}, \{2,3\}, \{1,3\}\}$ は，$\gamma_S = \dfrac{1}{2}$ を各 $S \in \Gamma$ の重みとする平衡集合族である．

定義 2.7. (N, F, V) が平衡ゲームであるとは，任意の平衡集合族 Γ に対して，

$$\bigcap_{S \in \Gamma} V(S) \subseteq V(N)$$

となることをいう．

定理 2.1. (Scarf [68]) 平衡ゲームのコアは空でない．

証明は本章の最後のところ（定理 2.8）で行うことにして，ここでは，次の単純な事実に注意しておく．それは，ゲーム (N, F, V) が

$$S, T \subseteq N \Rightarrow V(S) \cap V(T) \subseteq V(S \cup T)$$

を満たすならば，このゲームは平衡でありしかも凸となることである．凸であることは定義から直ちに従う．また，平衡ゲームであることも，任意の平衡集合族 Γ に対して，上の関係を繰り返し適用すれば，

$$\bigcap_{S \in \Gamma} V(S) \subseteq V\left(\bigcup_{S \in \Gamma} S\right) \subseteq V(N)$$

となることからわかる．増澤 [48] は，ゲーム (N, F, V) がこの性質をもつため

の興味深い十分条件を与えた．これについては後で戦略形協力ゲームのところで紹介することにしよう．

2.2.2 NTU市場ゲームとワルラス均衡

定義 2.8. NTU市場ゲームとは，以下のように与えられる提携形ゲーム (N,V) である：各提携 $S \subseteq N$ に対して，

$$V(S) = \{u \in \mathbb{R}^N \mid \exists x = (x_1, \cdots, x_n) \in \prod_{i \in N} \mathbb{R}_+^m$$
$$\text{s.t.} \sum_{i \in S} x_i = \sum_{i \in S} w_i, \text{ and } v_i(x_i) \geq u_i \ \forall i \in S\}$$

定義の中に現れる x_i は，プレイヤー i が消費する財ベクトル，$v_i(x_i)$ はプレイヤー i の効用関数，また $w_i \in \mathbb{R}_+^m$ は交換前に i が所有していた財の初期保有ベクトルを表す．

定理 2.2. NTU市場ゲーム (N,V) は，効用関数が準凹ならば，平衡ゲームである．

証明． ある u について，$u \in \bigcap_{S \in \Gamma} V(S)$ と仮定しよう．すると，各 $S \in \Gamma$ について，$\sum_{i \in S} x_i^S = \sum_{i \in S} w_i$ および $v_i(x_i^S) \geq u_i \ (\forall i \in S)$ を満たす x^S がある．そこで，x^* を

$$x_i^* = \sum_{S \in \Gamma, S \ni i} \gamma_S x_i^S$$

と定義すると，これは $x_i^S, S \in \Gamma$ の凸結合であるから効用関数 v_i の準凹性から，すべての $i \in N$ について $v_i(x_i^*) \geq u_i$ となる．

あとは，x^* が $\mathcal{E}$ における実現可能な財の配分であること，つまり，$\sum_{i \in N} x_i^* = \sum_{i \in N} w_i$ となることを示せばよい．

$$\sum_{i \in N} x_i^* = \sum_{i \in N} \sum_{S \in \Gamma,\, S \ni i} \gamma_S x_i^S$$
$$= \sum_{S \in \Gamma} \gamma_S \left(\sum_{i \in S} x_i^S \right) = \sum_{S \in \Gamma} \gamma_S \left(\sum_{i \in S} w_i \right)$$
$$= \sum_{i \in N} w_i \left(\sum_{S \in \Gamma,\, S \ni i} \gamma_S \right) = \sum_{i \in N} w_i.$$

ゆえに，$u \in V(N)$. □

市場ゲームの土台となっている純粋交換経済の定義を与えておこう．

定義 2.9. 純粋交換経済 $\mathcal{E}$ とは，プレイヤーの集合 N から各プレイヤーの特性，つまり選好関係と初期保有ベクトルの組 $(\succeq_i, w_i)$ の集合 $\mathcal{P} \times \mathbb{R}_+^m$ への写像

$$\mathcal{E} : N \to \mathcal{P} \times \mathbb{R}_+^m$$

のことである．

定義 2.10. 純粋交換経済 $\mathcal{E}$ における財配分とは，$f_i \in \mathbb{R}_+^m$ ($\forall i \in N$) を満たすベクトル $f = (f_1, \cdots, f_n)$ をいう．実現可能配分とは，$\sum_{i \in N} f_i = \sum_{i \in N} w_i$ を満たす財配分をいう．

定義 2.11. 提携 S が，$\mathcal{E}$ の配分 f を改善できるとは，

$$g_i \succ_i f_i \quad \forall i \in S$$

を満たす S-（実現可能）配分，すなわち

$$\sum_{i \in S} g_i = \sum_{i \in S} w_i$$

を満たす財配分 g が存在することをいう．

定義 2.12. 純粋交換経済 $\mathcal{E}$ のコア $C(\mathcal{E})$ とは，いかなる提携にも改善されない $\mathcal{E}$ の財配分の全体をいう．

定義 2.13. 初期保有が w_i のプレイヤー i に対し，価格体系 $p \in \mathbb{R}_+^m$ のもとでの予算集合 $\beta(p, w_i)$ とは，$\beta(p, w_i) = \{x \in \mathbb{R}_+^m \mid p \cdot x \leq p \cdot w_i\}$ で与えられる集合をいう．

定義 2.14. 選好関係 $\succeq_i$ と初期保有ベクトル w_i をもつプレイヤー i に対し，価格体系 p のもとでの需要対応 $\varphi(\succeq_i, w_i, p)$ とは，

$$\varphi(\succeq_i, w_i, p) = \{x \in \beta(p, w_i) \mid x \succeq_i y \ \forall y \in \beta(p, w_i)\}$$

で与えられる写像をいう．

定義 2.15. 純粋交換経済 $\mathcal{E}$ におけるワルラス均衡とは財配分 f と価格体系 $p \in \mathbb{R}_+^m$ の組で
(1) $f_i \in \varphi(\succeq_i, w_i, p) \ \forall i \in N$;
(2) $\sum_{i \in N} f_i = \sum_{i \in N} w_i$.
を満たすものをいう．この財配分 f をワルラス配分と呼び，経済 $\mathcal{E}$ のワルラス配分の全体を $\mathcal{W}(\mathcal{E})$ と書く．

2.2.3　コアとワルラス均衡

定理 2.3. すべての純粋交換経済 $\mathcal{E}$ について，$\mathcal{W}(\mathcal{E}) \subseteq C(\mathcal{E})$.

証明． 財配分 $f \in \mathcal{W}(\mathcal{E})$ は $f \notin C(\mathcal{E})$ を満たすとしよう．すると，ある提携 S と財配分 g に対して
(1) $g_i \succ_i f_i \ \forall i \in S$,
(2) $\sum_{i \in S} g_i = \sum_{i \in S} w_i$
が成立する．配分 f はワルラス配分だから (1) は，均衡価格体系 p のもとで

$$p \cdot g_i > p \cdot w_i \ \forall i \in S$$

であることを意味する．ゆえに，
$$p \cdot \sum_{i \in S} g_i = \sum_{i \in S} p \cdot g_i > \sum_{i \in S} p \cdot w_i = p \cdot \sum_{i \in S} w_i$$
となるがこれは (2) に矛盾する． □

2.2.4 コアとリンダール均衡

通常の財と異なり，各プレイヤー i の消費量 y_i が，供給量 y に等しい財を公共財という．これに対して，通常の財を私的財という．公共財を含む経済では，ワルラス均衡に対応する市場均衡としてリンダール均衡がある．以下の仮定のもとで，公共財と私的財の2財からなる経済を考えよう．

仮定 2.1 (凸選好と単調性). 各プレイヤー i の選好関係 $\succeq_i$ は凸かつ，単調非減少である．すなわち，
- 任意の $f_i \in \mathbb{R}_+^2$ に対し，集合 $\{g_i \in \mathbb{R}_+^2 \mid g_i \succeq_i f_i\}$ は凸．
- 任意の $f_i, g_i \in \mathbb{R}_+^2$，ただし，$f_i \geq g_i$, $f_i \neq g_i$ に対し，$f_i \succeq_i g_i$.

仮定 2.2 (線形費用関数). 公共財の費用関数 $c : \mathbb{R}_+ \to \mathbb{R}_+$ は線形であって，$c(0) = 0$ を満たす．

定義 2.16. S を提携とするとき，私的財の配分 x と公共財供給量 y の組 $f = (x, y) \in \mathbb{R}_+^n \times \mathbb{R}_+$ が S-実現可能であるとは
- $\sum_{i \in S} x_i + c(y) \leq \sum_{i \in S} w_i$

であることをいう．

定義 2.17. 価格体系 p^* と財配分 $f^* = (x^*, y^*)$ の組 (p^*, f^*) がリンダール均衡（Lindahl equilibrium, L.E. と略す）であるとは，
(1) $\forall i \in N, (x_i^*, y^*) \succeq_i (x_i, y) \quad \forall (x_i, y) \in \mathbb{R}_+^2 \quad \text{s.t.} \quad x_i + p_i^* y \leq w_i$
(2) $\sum_{i \in N} p_i^* y^* - c(y^*) = \max_{y \geq 0} \left(\sum_{i \in N} p_i^* y - c(y) \right)$
であることをいう．この配分 f^* をリンダール配分という．

定理 2.4. リンダール配分 f^* は，$f^* \in C(\mathcal{E})$ を満たす．

証明． まず，$f^* \notin C(\mathcal{E})$ と仮定する．すると，ある $S \subseteq N$ と配分 f に対して，

$$f_i \succ_i f_i^* \quad \forall i \in S, \tag{2.1}$$

であり，さらに f は S-実現可能であるから

$$\sum_{i \in S} x_i + c(y) \leq \sum_{i \in S} w_i. \tag{2.2}$$

p^* をリンダール価格体系とすると，(2.1) 式から

$$p_i^* y + x_i > w_i \quad \forall i \in S.$$

これと (2.2) 式から，

$$\sum_{i \in S} p_i^* y - c(y) \geq \sum_{i \in S} p_i^* y + \left(\sum_{i \in S} x_i - \sum_{i \in S} w_i \right)$$
$$> 0$$

ところが，選好の単調性より，$p_i^* \geq 0 \quad \forall i \in N$ であるから，

$$\sum_{i \in N} p_i^* y - c(y) > 0.$$

すると，c の線形性から $c = \sum_{i \in N} p_i^*$ となるので，

$$\left(\sum_{i \in N} p_i^* - \sum_{i \in N} p_i^* \right) y > 0.$$

これは矛盾である． □

2.3 仁

この節では，TU ゲームの仁を NTU ゲームに拡張することを考える．仁は，TU ゲームにおいてただ 1 つ存在し，しかも空でないコアに含まれると

いう著しい性質をもつ解であった．それゆえ，もし，コアの中から一点を選び出す必要があるならば，仁はその第一候補といっていいだろう．以下に示す拡張では，この一意性は保証されないが，存在と空でないコアの中に含まれることは保存される．

2.3.1 仁分配率

(N, F, V) を $F = V(N)$ であるような NTU ゲームとする．各 $i \in N$ に対し，$V(\{i\})$ は $V(\{i\}) = \{x \in \mathbb{R}^N \mid x_i \leq w_i\}$ を満たすものとする．ただし，各 $i \in N$ について，$w_i > 0$ であると仮定する．これは制約にはならない．というのも，NM 効用を測る原点は任意に選べるからである．

集合 A を $(n-1)$-次元単体とする．つまり，

$$A = \left\{ a \in \mathbb{R}^N \mid \sum_{i \in N} a_i = 1,\ a_i \geq 0\ \ \forall i \in N \right\}.$$

任意の $a \in A$ をとり，各提携 $S \subseteq N$ について，次の最大化問題 $P(S, a)$ を考えよう．

$$\max\ h$$
$$\text{s.t.}\ \exists u \in V(S)\ \ \forall i \in S\ \ u_i \geq h a_i$$

各 $S \subseteq N$ に対し，h の最大値が存在するとき，これを $h(S, a)$ で表そう．各プレイヤー $i \in N$ の利得は，最大化問題 $P(N, a)$ の最適解 $h(N, a)$ によって，$h(N, a) a_i$ と与えられる．ここで，$h(N, a)$ は常に存在することに注意しよう．点 $a \in A$ を分配率と呼ぼう．

補題 2.1. $P(S, a)$ は最適解をもつ $\iff a_i > 0, \exists i \in S$.

証明． 集合 $\{h \geq 0 \mid \exists u \in V(S)\ \ \forall i \in S\ u_i \geq h a_i\}$ は非空でコンパクトであることから従う． □

定義 2.18. 分配率 $a \in A$ が個人合理的であるとは

$$h(N,a)a_i \geq w_i \quad \forall i \in N$$

であることをいう．また，個人合理的な分配率の全体を A^{IR} と書く．

仮定から，各 $i \in N$ について $w_i > 0$ であるから，すべての $a \in A^{IR}$ と $S \subseteq N$ について $h(S,a)$ は定義されていることに注意する．

定義 2.19. 分配率 $a \in A^{IR}$ のもとでの，提携 S の不満（excess）とは，
$$e(S,a) = \sum_{i \in S} (h(S,a) - h(N,a)) a_i$$
で与えられる値をいう．ただし，空集合 $\emptyset$ に対しては $e(\emptyset,a) = 0$ であるとする．

この不満は，分配率 $a \in A^{IR}$ が与えられたとき，各 $i \in N$ に対して $x_i = h(N,a)a_i$ とすれば，TU ゲームにおいて定義した提携の不満 $e(S,x)$ と同じものとなる．そこで分配率 $a \in A^{IR}$ のもとで，すべての $S \subseteq N$ の超過要求を大きいものから順に並べて得られる 2^n-次元ベクトルを $\theta(a)$ で表す．つまり，

$$\theta(a) = (\theta_1(a), \ldots, \theta_{2^n}(a)), \text{ ただし} \theta_j(a) \geq \theta_k(a) \text{ if } j < k.$$

ここでは，$\theta(a)$ は 2^n-次元ベクトルにとっているが，空集合 $\emptyset$ と N を除いても以下の議論に影響はない．

定義 2.20. 分配率 $a^* \in A^{IR}$ が $\theta(a)$ を辞書式順序で最小にするとき，これを仁分配率という．また，a^* を仁分配率とするとき，利得ベクトル

$$(h(N,a^*)a_1^*, \cdots, h(N,a^*)a_n^*)$$

を，(NTU ゲームの) 仁という．

こうして，NTU ゲームの仁とは，それよりも受容的な配分が存在しないような配分 $(h(N,a^*)a_1^*, \cdots, h(N,a^*)a_n^*)$ の全体という，TU ゲームにおける定

義に帰着する．

2.3.2 仁分配率の存在

補題 2.2. 各 $S \subseteq N$ について，関数 $h(S, \cdot)$ は A の内点集合 $A^\circ = \{a \in A \mid a_i > 0 \;\; \forall i \in N\}$ で連続である．

証明． 関数 $\min_{i \in S} \left\{ \dfrac{u_i}{a_i} \right\}$ は，$V(S) \times A^\circ$ で連続であり，さらに，
$$h(S, a) = \max_{u \in V(S)} \min_{i \in S} \left\{ \frac{u_i}{a_i} \right\}$$
と書けることに注意する．これより，$h(S, \cdot)$ はまず上半連続である．すなわち，任意の点 $a^\circ \in A^\circ$ において，$h(S, a^\circ) < r$ であるならば，a° の適当な近傍 $U(a^\circ, \delta) := \{a \in A^\circ \mid \|a - a^\circ\| < \delta\}$ に対して
$$h(S, a) < r \quad \forall a \in U(a^\circ, \delta)$$
となる．

また，$h(S, a^\circ) > r$ であるならば，やはり a° の適当な近傍 $U(a^\circ, \delta) := \{a \in A^\circ \mid \|a - a^\circ\| < \delta\}$ をとれば
$$h(S, a) > r \quad \forall a \in U(a^\circ, \delta)$$
となることがわかるので，$h(S, \cdot)$ は下半連続である．こうして $h(S, \cdot)$ は A° において連続である． □

注意 2.1. A の境界上では，$h(S, \cdot)$ は必ずしも連続とはならない．$N = \{1, 2\}$ として，$V(N)$ の（弱）パレートフロンティアが $P = (x_1, 0)$，$Q = (x_1 + t, 0)$，ただし $t > 0$，であるような線分 PQ を含んでいる場合，$h(N, \cdot)$ は $a = (1, 0)$ で下半連続ではなくなる（図 2.2 参照）[1]．

---

[1] 関数 $h(S, \cdot)$ の連続性を厳密に証明するには，たとえば，Berge の最大値定理を使って $U(S, a) = \{h \geq 0 \mid ha \in V(S)\}$ として，$h(S, a) = \max \; \{h \geq 0 \mid h \in U(S, a)\}$ と書き換え，対応 $U(S, \cdot)$ の連続性を示せばよいが，これは $h(S, \cdot)$ の連続性を示すのとほとんど同じである．図 2.2 のような場合，$U(S, \cdot)$ は，A の境界上で劣半連続ではなくなる．

図 2.2

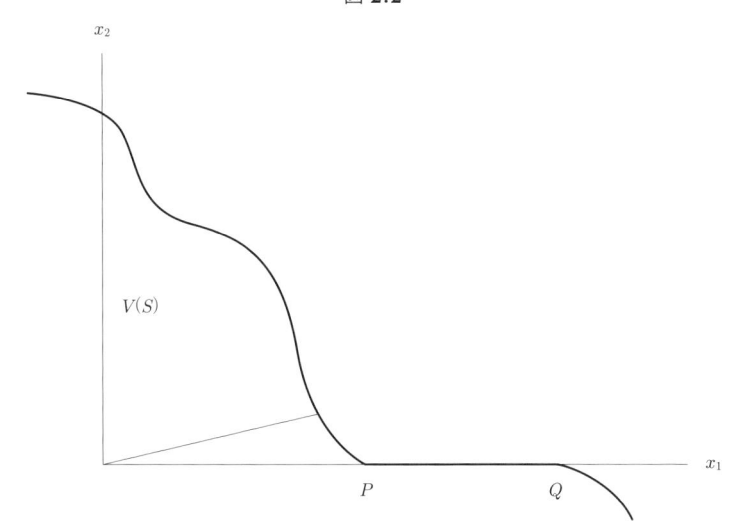

定理 2.5. 仁分配率が存在する．

証明．まず，NTU ゲームの定義から A^{IR} は非空である．また，$A^{IR} \subset A° \subset A$ であり，$h(N,\cdot)$ は $A°$ で連続，さらに A はコンパクトだからその閉部分集合である A^{IR} はコンパクトである．各 $S \subseteq N$ について，関数 $h(S,\cdot)$ は A^{IR} で連続だから，$e(S,\cdot)$ もまた A^{IR} で連続である．後は，TU ゲームの場合の証明を参照のこと． □

2.3.3 コアとの関係

利得ベクトル $u \in V(N)$ が NTU ゲームのコアに属するとは，いかなる提携 S も $\bar{u}_S > u_S$ となるような利得ベクトル $\bar{u} \in V(S)$ をもたないことであった．ここでは，NTU ゲームのコアが非空ならば，それは仁を含むことを示そう．まず，コアが空でないことは次のように言い換えることができる．

補題 2.3. コアが空でないための必要十分条件は，ある $a \in A^{IR}$ に対して

$$h(N,a) = \max\{h(S,a) \mid S \subseteq N\}$$

となることである．

証明．

（十分性）．ある $a \in A^{IR}$ が，その条件を満たすとし，利得ベクトル $u \in V(N)$ が，$u_i = h(N,a)a_i \quad \forall i \in N$ で与えられるとする．この u がコアに属さなければ，ある $S \subseteq N$ について，$\bar{u}_i > h(N,a)a_i \quad \forall i \in S$ となるような利得ベクトル $\bar{u} \in V(S)$ が存在する．すべての $i \in N$ について $a_i > 0$ であるから，ある $\tilde{u} \in V(S)$ が存在して

$$\tilde{u}_i = h(S,a)a_i > h(N,a)a_i$$

となる．それゆえ $h(S,a) > h(N,a)$ でなければならないが，これは矛盾である．

（必要性）．利得ベクトル $u \in V(N)$ がコアに属するならば，個人合理性からすべての $i \in N$ について $u_i > 0$ である．そこで，

$$a_i = \frac{u_i}{\sum_{j \in N} u_j} \quad \forall i \in N$$

と定義すると，すべての $i \in N$ について，

$$w_i \leq u_i = \left(\sum_{j \in N} u_j\right) a_i \leq h(N,a)a_i$$

であるから，

$$a \in A^{IR}$$

である．

さて，ある $S \subsetneq N$ について $h(S,a) > h(N,a)$ であったとしよう．すると，$u_i > 0 \quad \forall i \in N$ であるから，

$$h(S,a)a_i > h(N,a)a_i = u_i \quad \forall i \in S$$

となる．これは，ある利得ベクトル $u^\circ \in V(S)$ が存在して

$$u_i^\circ > u_i \quad \forall i \in S,$$

となることを示しており，u がコアに属することに反する． □

定理 2.6. NTU ゲームにおいて，もしコアが空でないならば，仁はコアに属する．

証明. 上の補題より，コアが空でないならば $h(N,a) \geq h(S,a) \quad \forall S \subseteq N$ を満たす $a \in A^{IR}$ がある．ゆえに，$e(S,a) \leq 0 \quad \forall S \subseteq N$ であるから，$a^* \in A^{IR}$ を任意の仁分配率とすれば，定義によって $\theta_1(a^*) \leq \theta_1(a) \leq 0$ である．ゆえに，$e(S,a^*) \leq 0 \quad \forall S \subseteq N$. $a_i^* > 0 \quad \forall i \in N$ であるから，これを書き換えると

$$h(N,a^*) \geq h(S,a^*) \quad \forall S \subseteq N$$

となって，上の補題の証明と同様にすれば，仁はコアに属することが従う． □

NTU ゲームの仁が一意であるとは限らないことは，例 2.1 で示したコアが 3 点からなる 3 人ゲームを考えればよい．コアは 3 点 $(1,1,w)$, $(1,w,1)$ および $(w,1,1)$ からなる集合である．ここで，$w > 0$ と仮定しよう．仁は存在してコアに含まれることから，これらの点のうち少なくとも 1 個は仁でなければならないが，対称性からこれら 3 点の不満ベクトルは同一である．ゆえに，これらの 3 点はいずれもこのゲームの NTU 仁となる．

2.4 NTU シャープレイ値

シャープレイ値の NTU ゲームへの拡張は，シャープレイ自身による論文 Shapley [73] の中で行われた．これは，拡張のアイディアを個人間の効用比較と効用移転に対する考察から掘り起こすという啓発的な論文である．ここで

は，この拡張について考察する．

2.4.1 λ-線形化ゲームのシャープレイ値

まず，NTU ゲーム (N, V)[2] が与えられているとし，これを，非負の重みベクトル $\lambda = (\lambda_1, \cdots, \lambda_n)$ を用いて，次のように線形化することを考える．

$$v_\lambda(S) = \max \left\{ \sum_{i \in S} \lambda_i x_i \mid x \in V(S) \right\} \quad \forall S \subseteq N.$$

この TU ゲーム v_λ を，**λ-線形化ゲーム**，または，**λ-移転ゲーム**という．つまり，重みベクトル λ で各プレイヤーの利得の尺度を変換したうえで，互いに移転ないし譲渡が可能であること，あるいは同じことであるが，λ が示す比率で利得が互いに移転可能であると仮定することからはじめるのである．たとえば "プレイヤー i の j に対する限界代替率" は λ_i/λ_j であり，プレイヤー i の λ_j の利得増加に対してはプレイヤー j の λ_i の減少が必要である．限界代替率が経済学では効率性に関わる比率であるように，ここでも，この重みによる利得移転は，その比率での分配の効率性を保証するものである．他方，このような分配の中で，公平性を保証するものとして，その λ-移転ゲームの TU シャープレイ値を考えることができる．そこで，もしその TU シャープレイ値が，与えられた NTU ゲームの $V(N)$ の中のある利得ベクトルを，各プレイヤー i について，その重み λ_i によって尺度の変換を施したものとして得られたとするならば，この効率性と公平性は，実際に利得の移転を伴わずに，利得の尺度を変えるだけで実現できたことになる．

以上の考察に基づけば，次のように定義することができる．

定義 2.21. 利得ベクトル x が，ゲーム (N, V) の NTU シャープレイ値であるとは
(1) $x \in V(N)$
(2) ある $\lambda \in \mathbb{R}^N_+$ が存在して，各 $i \in N$ に対して，$\lambda_i x_i = (\phi v_\lambda)_i$

---

[2] $F \subsetneq V(N)$ であるような NTU ゲーム (N, F, V)．

が成立することをいう.

こうして，NTU ゲーム (N,V) のシャープレイ値とは，ある重み λ のもとで効用変換すれば，その重みによる線形化 TU ゲーム v_λ のシャープレイ値に一致するような，(N,V) の利得ベクトルとして定義される.

2.4.2 存在定理

NTU ゲーム (N,V) において，実現可能な利得ベクトルの集合 $F \subsetneq V(N)$ は $\mathbb{R}_+^N$ のコンパクト凸集合であるとする．また，重みの集合を $\Lambda = \{\lambda \in \mathbb{R}_+^N \mid \sum_{i \in N} \lambda_i = 1\}$ とし，任意の $\lambda \in \Lambda$ に対して TU ゲーム v_λ を前と同様に，

$$v_\lambda(S) = \max \left\{ \sum_{i \in S} \lambda_i x_i \mid x \in V(S) \right\} \quad \forall S \subseteq N$$

と定義する．この TU ゲーム v_λ のシャープレイ値を $\phi(\lambda)$ で表し，また，集合 $F(\lambda)$ を

$$F(\lambda) = \{(\lambda_1 x_1, \cdots, \lambda_n x_n) \mid \lambda \in \Lambda \text{ and } x \in F\}$$

と定義する．さらに，次の仮定をおく．

仮定 2.3. 利得ベクトル $\phi(\lambda)$ は λ に関して連続であり，さらに，パレート効率的かつ個人合理的（$\phi_i(\lambda) \geq 0 \ \forall i \in N$）である.

実際，優加法的な TU ゲームのシャープレイ値はこれらを満たしているが，この仮定さえ満たすものであれば，$\phi(\lambda)$ は何でもいいわけである．以上の準備のもとで，NTU シャープレイ値が存在することを証明しよう（Shapley [73]）.

定理 2.7. $\phi(\lambda) \in F(\lambda)$ を満たす $\lambda \in \Lambda$ が存在する.

証明．$P(\lambda)$ を，次の条件を満たすベクトル π の集合とする．

$$\sum_{i \in N} \pi_i = 0 \text{ and } \phi(\lambda) - \pi \in F(\lambda).$$

すると，$P(\lambda)$ は，任意の $\lambda \in \Lambda$ について，非空なコンパクト凸集合であり，また，優半連続である．

点対集合写像 T を

$$T(\lambda) = \lambda + P(\lambda) = \{\lambda + \pi \mid \pi \in P(\lambda)\}$$

と定義し，超平面 $\{\alpha \mid \sum_{i \in N} \alpha_i = 1\}$ 上に集合 A を，$T(\lambda), \lambda \in \Lambda$ および Λ をも含むほど十分大きくとり，かつ，コンパクトであるとする．これが可能なのは，T が優半連続なので $T(\Lambda)$ はコンパクトだからである．

そこで，T の定義域を，次のように A に拡張しよう．

$$T(\alpha) = T(f(\alpha)), \text{ where } f_i(\alpha) = \frac{\max(0, \alpha_i)}{\sum_{j \in N} \max(0, \alpha_j)}.$$

すると，角谷の定理[3]によって，不動点 $\alpha^* \in T(\alpha^*)$ が存在する．ここで，λ^* と書いて $f(\alpha^*)$ を表そう．

さて，$\alpha^* \neq \lambda^*$ であると仮定しよう．すると f の定義によって，$\alpha^* \in A \setminus \Lambda$. それゆえ，ある i に対し，$\lambda_i^* = 0 > \alpha_i^*$ となる．しかし，$\alpha^* \in T(\lambda^*) = \lambda^* + P(\lambda^*)$ であること，および，$\lambda^* = f(\alpha^*) \geq 0 \in \mathbb{R}_+^N$ であることから，ある $\pi^* \in P(\lambda^*)$ に対して，$\pi_i^* < 0$ となることがわかる．

すると，個人合理性から，$\phi_i(\lambda^*) \geq 0$ だから，実現可能利得ベクトル $\phi(\lambda^*) - \pi^* \in F(\lambda^*)$ においては，プレイヤー i は正の値を獲得していることになる．しかし，これは矛盾である．というのは，$\lambda_i^* = 0$ であるプレイヤー i には，$F(\lambda^*)$ の利得ベクトルはゼロを与えるからである．

ゆえに，$\alpha^* = \lambda^*$ であり，$\lambda^* \in T(\lambda^*)$. したがって $0 \in P(\lambda^*)$, さらに $\phi(\lambda^*) \in F(\lambda^*)$ でなければならず，こうして証明が完了する． □

---

[3] $X \subseteq \mathbb{R}^N$ を非空，コンパクトかつ凸であるとし，H を X から X への点対集合写像でコンパクト，凸値かつ優半連続であるとすると，H は不動点をもつ．

TU ゲームではシャープレイ値は一意であったが，NTU ゲームではそれは保証されない．また，2 人ゲームでは，パレートフロンティアに強い意味で個人合理的な利得ベクトルが存在する限り，ナッシュ交渉解に一致することが確かめられる．なお，この NTU シャープレイ値の公理化は，1985 年になって，ようやく Aumann [7] によって完成された．

2.5　NTU コアの存在証明

以下に，NTU コアの存在を証明して本章を終わることにしよう．ここで紹介する証明は，Shapley and Vohra [77] による，角谷の不動点定理を用いる比較的簡潔なものである．Scarf [68] による構成的な証明については原論文を参照されたい．

証明には，NTU 仁のところで用いた関数 h と同様なものを使うので，各 $i \in N$ について，$V(\{i\})$ は正の利得ベクトルを含むものと仮定される．すなわち，

$$V(\{i\}) = \{x \in \mathbb{R}^N \mid x_i \leq w_i\}, \quad \text{where } w_i > 0 \quad \forall i \in N.$$

証明に入る前に，記号や定義などを確認しておこう．まず，$\mathbb{R}^N$ の利得ベクトルについては，$x \geq y \Leftrightarrow x_i \geq y_i \ \forall i \in N$, $x > y \Leftrightarrow x \geq y$ かつ $x \neq y$; さらに $x \gg y \Leftrightarrow x_i > y_i \ \forall i \in N$ である．

各 $S \subseteq N$ について，$e^S \in \mathbb{R}^N$ を S の特性ベクトルとする．すなわち，$i \in S$ ならば $e_i^S = 1$, $i \notin S$ ならば $e_i^S = 0$ である．また，e^N を e, $e^{\{i\}}$ を e^i と書く．非空な $S \subseteq N$ について，次のような凸包 (convex hull) A^S を定義する．

$$A^S = \text{convex hull of } \{e^i \mid i \in S\} := co\{e^i \mid i \in S\}$$

ここで A^N は $\mathbb{R}^N$ の基本単体 A であることに注意する．

N の非空な部分集合を要素とする集合族 $\Gamma \subseteq \mathcal{N}$ が平衡集合族であるとは，各 $S \in \Gamma$ について

$$\sum_{S\in\Gamma}\gamma_S e^S = e^N$$

を満たす非負の重み γ_S が存在することであった．

さて，各 $S \in \mathcal{N}$ について

$$m^S = \frac{e^S}{|S|}$$

として，次の事実に注意しておく．

補題 2.4. Γ は平衡集合族である $\iff$

$$m^N \in co\{m^S \mid S \in \Gamma\} \tag{2.3}$$

証明. すべての $S \in \Gamma$ について，$\alpha_S \geq 0$ と $\gamma_S \geq 0$ は

$$\alpha_S = \frac{\gamma_S |S|}{|N|}$$

を満たすものとすると，

$$e^N = \sum_{S\in\Gamma}\gamma_S e^S$$
$$\iff \sum_{S\in\Gamma}\alpha_S = \sum_{S\in\Gamma}\left(\gamma_S\frac{|S|}{|N|}\right) = \sum_{S\in\Gamma}\gamma_S \sum_{i\in S}\frac{1}{|N|} = \sum_{i\in N}\frac{1}{|N|}\sum_{\substack{S\ni i \\ S\in\Gamma}}\gamma_S = 1$$
$$\iff m^N = \frac{e^N}{|N|} = \sum_{S\in\Gamma}\left(\gamma_S\frac{|S|}{|N|}\right)\frac{e^S}{|S|} = \sum_{S\in\Gamma}\alpha_S m^S$$
$$\iff m^N \in co\{m^S \mid S \in \Gamma\}.$$
$\square$

証明の中で使う事実をもう1つ確認しておこう．$V(S)$ の定義 2.1 の (3)(c) に基づいて，集合 $Q = \{x \in \mathbb{R}^N \mid x \leq qe\}$（ただし $q > 0$）で，すべての $V(S)$ を $\mathbb{R}^S$ に関して相対的に真に含む集合とする．厳密には，すべての $S \in \mathcal{N}$ に対して，

$$x \in V(S) \text{ and } x^S \geq 0 \implies x_i < q \ \forall i \in S$$

であると仮定する．さらに，

$$W = \left(\bigcup_{S \in \mathcal{N}} V(S) \right) \cap Q$$

と定義しよう．すべての $V(S)$ と Q は，定義により包括的 (comprehensive) なので，W も同様に包括的となる．すると，∂W で W の境界を表せば，

$$u \in \partial W \text{ and } v \gg u \implies v \notin W \tag{2.4}$$

である．また，

$$u \in \partial W \text{ and } (\exists j \in N) \ u_j = 0 \implies (\exists i \in N) \ u_i = q \tag{2.5}$$

が成り立つ．これは，$u_j = 0$ を満たす任意の u は仮定からつねに $V(\{j\})$ に属しているので，$u \in \partial W$ である限り，$u = (q, \cdots, q, 0, q, \cdots, q)$ となることからわかるだろう（図 2.3 参照）．

定理 2.8. 平衡ゲームは非空なコアをもつ．

証明． 証明の方針として，ある平衡集合族 $\mathcal{T}$ とある利得ベクトル $u^* \in \partial W \cap \mathbb{R}_+^N$ が存在し，$u^* \in \bigcap_{S \in \mathcal{T}} V(S)$ となることを示す．これが示されたならば，ゲームが平衡であることから $u^* \in v(N)$ となるが，この u^* がコアに属する．なぜならば，もしそうでないとすると，ある $S \in \mathcal{N}$ とある $v \in V(S)$ について $v^S \gg u^{*S}$．ところが，$u^* \geq 0$ より $u^* \ll qe$ であるから，ある $\bar{v} \gg u^*$ が存在して $\bar{v} \ll qe$ かつ $\bar{v} \in V(S)$，すなわち，$\bar{v} \in W$．しかしこれは $u^* \in \partial W$ であることに反する． $\square$

このような $u^* \in \partial W$ の存在を示すために，次のような $f : A \to W$ を定義しよう．

図 2.3

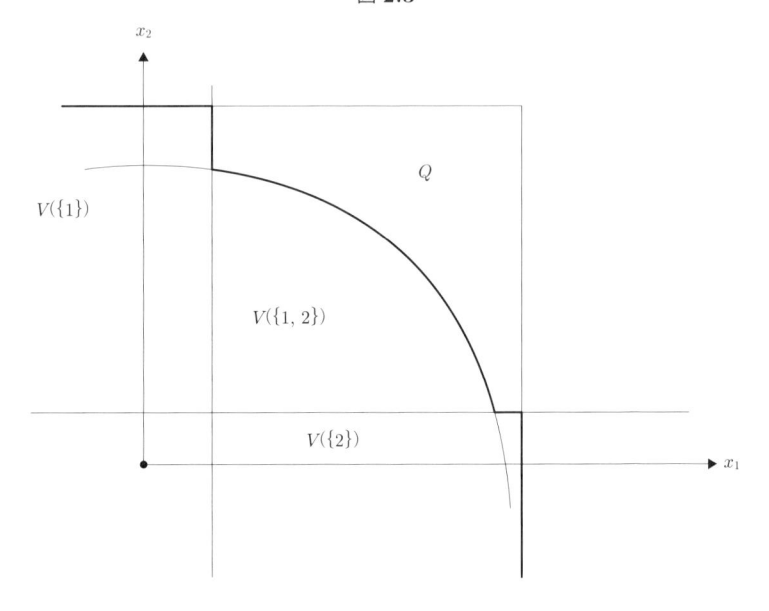

$$f(x) = \{y \in \partial W \mid y = tx \quad \exists t \geq 0\}.$$

主張 1. f は連続関数である.

まず, f は非空である. それは, $0 \in W$ であり, $x \in A$ に対して $n(q+1)x \notin W$ であるから, ある $t \in [0, n(q+1)]$ が存在して $tx \in \partial W$ となるからである. 次に, f が優半連続であることも容易にわかる. f はコンパクト値であり, $\{t \in \mathbb{R}_+ \mid tx \in \partial W\} \subseteq [0, n(q+1)]$ であることによって, 値域もコンパクトであることに注意. さらに, f は 1 点からなる. というのは, もしそうでなければ, ある $x \in A$, $y \in f(x)$ および $\bar{y} \in f(x)$ が存在して $y = tx$, $\bar{y} = \bar{t}x$ かつ $\bar{t} > t$ となる. ここでもし, $x \gg 0$ かつ $\bar{y} \gg y$ だったら, これは (2.4) 式に反する. 他方, ある $k \in N$ に対して $x_k = 0$ であったとしよう. この場合, $K = \{k \in N \mid x_k = 0\}$ かつ $I = \{i \in N \mid x_i > 0\}$ と定義すると, $\bar{t}x_i \leq q \quad \forall i \in N$ だから, $tx_i < q \quad \forall i \in I$ かつ $tx_k = 0 \quad \forall k \in K$ となって, (2.5) 式に矛盾する.

2.5 NTU コアの存在証明

さて，$G : A \to A$ を

$$G(x) = \{m^S \mid S \in \mathcal{N},\ S \neq \emptyset,\ \text{and}\ f(x) \in V(S)\}$$

と定義すると，G は非空である．というのは，すべての $x \in A$ に対して，$f(x) \in \bigcup_{S \in \mathcal{N}} V(S)$ かつ f は非空だからである．

主張 2. G は優半連続．

まず，$x^p \to x$, $x^p \in A \ \ \forall p$, $y^p \in G(x^p) \ \ \forall p$, かつ $y^p \to y$ であるとする．$y \in G(x)$ であることを示す[4]．$G(x)$ は有限集合だから，ある $\bar{p}$ に対して $y^p = y \ \ \forall p \geq \bar{p}$ である．すると，すべての $p > \bar{p}$ に対して，$y \in G(x^p)$ である．すなわち，ある $S \in \mathcal{N}$ が存在して $y = m^S$ かつ $f(x^p) \in V(S)$．$x^p \to x$ であり，f は連続でしかも $V(S)$ は閉であるから $f(x) \in V(S)$，すなわち $y \in G(x)$.

最後に，すべての $x, g \in A$ に対し，$h : A \times A \to A$ を次のように定義しよう．

$$h_i(x, g) = \frac{x_i + \max\ (g_i - 1/n, 0)}{1 + \sum_{j \in N} \max\ (g_j - 1/n, 0)} \quad \forall i \in N.$$

これは明らかに連続関数である．すると，

$$h \times co(G) : A \times A \to A \times A$$

で定義される対応は，角谷の不動点定理の条件（凸値，優半連続）を満たす．そこで，$(x^*, g^*) \in A \times A$ を $h \times co(G)$ の不動点で $x^* = h(x^*, g^*)$ および $g^* \in co(G(x^*))$ を満たすとすると，

$$x_i^* = \frac{x_i^* + \max\ (g_i^* - 1/n, 0)}{1 + \sum_{j \in N} \max\ (g_j^* - 1/n, 0)} \quad \forall i \in N.$$

---

[4] G はコンパクト値（有限集合），値域 A もコンパクトだから G が優半連続であることと G のグラフ $\{(x, y) \in A \times A \mid y \in G(x)\}$ が $A \times A$ の閉集合であることは同値である．

あるいは，同じことであるが，

$$x_i^* \left(\sum_{j \in N} \max(g_j^* - 1/n, 0) \right) = \max \ (g_i^* - 1/n, 0) \quad \forall i \in N. \tag{2.6}$$

このとき，次の主張が成立する．

主張 3. $m^N \in co(G(x^*))$.

これが成立するならば，補題 2.4 によって，$f(x^*) \in V(S)$ を満たす $S \in \mathcal{N}$ の集合は，平衡集合族となる．

以下に $g^* = m^N$ であることを示そう．もしそうでなかったならば，$\sum_{j \in N} \max \ (g_j^* - 1/n, 0) > 0$ である．いま，$I = \{i \in N \mid x_i^* > 0\}$ かつ $K = \{k \in N \mid x_k^* = 0\}$ としよう．すると (2.6) 式によって，$g_i^* > 1/n \ \forall i \in I$．それゆえ，$K \neq \emptyset$ である．$g^* \in co(G(x^*))$ であるから，G の作り方によって，各 $i \in I$ に対し，$i \in S$ かつ $f(x^*) \in V(S)$ となる S が存在する．$f(x^*) \geq 0$ であるから，$V(S)$ の仮定によって $f_i(x^*) < q \ \forall i \in I$ となる．しかし，$f_k(x^*) = 0 \ \forall k \in K \neq \emptyset$ となって，(2.5) 式に矛盾する．

さて，$\mathcal{T} = \{S \in \mathcal{N} \mid f(x^*) \in V(S)\}$ と定義しよう．すると，$G(x^*) = \{m^S \mid S \in \mathcal{T}\}$ かつ $m^N \in co(G(x^*))$ であるから，補題 2.4 によって $\mathcal{T}$ は平衡集合族となる．ここで $u^* = f(x^*)$ とすると，G の定義から $u^* \in \bigcap_{S \in \mathcal{T}} V(S)$ となるが，ゲームは平衡であるから，$u^* \in V(N)$ となって目的は達成された．

郵便はがき

恐縮ですが切手をお貼り下さい

112-0005

東京都文京区水道二丁目一番一号

勁草書房

愛読者カード係行

社へのご意見・ご要望などお知らせください)

ードをお送りいただいた方に「総合図書目録」をお送りいたします。
を開いております。ご利用下さい。http://www.keisoshobo.co.jp
iの「書籍注文書」を弊社刊行図書のご注文にご利用ください。より早く、確実にご
の書店でお求めいただけます。
に書店がない場合は宅配便で直送いたします。配達時に商品と引換えに、本代と
をお支払い下さい。送料は、何冊でも1件につき200円です(2005年7月改訂)。

愛読者カード

50304-9 C3

本書名　協力ゲーム理論

お名前(ふりがな)　　　　　　　　　　　　（　　歳）

ご職業

ご住所 〒　　　　　　　お電話（　　）　－

メールアドレス(メールマガジン配信ご希望の方は、アドレスをご記入下さ

本書を何でお知りになりましたか
書店店頭（　　　　　書店）／新聞広告（　　　　新聞
目録、書評、チラシ、HP、その他（

本書についてご意見・ご感想をお聞かせ下さい(ご返事の一部はHP
載させていただくことがございます。ご了承下さい)。

◇書籍注文書◇

最寄りご指定書店

市　　町（区）

書店

(書名)	¥	(
(書名)	¥	(
(書名)	¥	(
(書名)	¥	(

※ご記入いただいた個人情報につきましては、弊社からお客様へのご案内以外には使用致し
　詳しくは弊社HPのプライバシーポリシーをご覧下さい。

第3章 整合性公理と解の特徴付け

3.1 整合性公理とその意味

　協力ゲームの解の公理的特徴付けとは何であろうか．そのような研究の意義はどこにあるのであろうか．

　解の公理的特徴付けは一般に解の公理化といわれている．解の公理化の研究とは，解の満たすべきいくつかの基本的な条件（公理）を挙げ，その条件を満たす解がその解以外にないことを示すことによって，他の解との差違を明確にする研究である．シャープレイ値は公理化がなされているが，他の協力ゲームの解の公理化は前章まで触れられなかった．協力ゲームの解には，それぞれ明確な定義があるので，公理化の研究の必要性はそれほど高くないと考えられるかもしれないが，解の公理化をすることにより，公理の差違，すなわち解の満たすべき条件の差違を明確にすることができる．さらにその差異が解の定義の差違にどのように反映しているかを分析することができる．また，公理をより好ましいと思われる他の公理で代替することにより，新たな解を導くことができるかもしれない．

　このような解の公理化の研究はさまざまなタイプのものがあるが，それらのうち多くの協力ゲームの解に適用可能であり，解の間の差違を明確にさせるものとして，縮小ゲームに関する整合性公理による公理化がある．本章ではその公理化の研究を紹介しよう．

　整合性公理は，与えられた縮小ゲームに対し，元のゲームの解と縮小ゲームの解の間の整合性を要請する公理である．そこでは，いくつかの異なった縮小

ゲームの定義が提案されている.歴史的には,マックス縮小ゲームに関する整合性公理がはじめに提案され研究がなされ,その後,コンプリメント縮小ゲーム,プロジェクション縮小ゲームが提案されてきたが,説明のしやすさの点を考慮し,本書では逆の順番で縮小ゲームを提示する.

ゲーム (N,v) と利得ベクトル $x \in \mathbb{R}^N$ に対し,N のある非空な部分集合 S を考える.このとき,x のもとでの S への縮小ゲーム (S, v^x) を次のように定義しよう[1].

$$v^x(S) = v(N) - \sum_{j \in N \setminus S} x_j, \quad v^x(T) = v(T) \quad \text{for } T \subset S.$$

縮小ゲームは,元のゲーム (N,v) の一部のメンバー S から成る $|S|$ 人ゲームである.元のゲームにおいて利得分配 x が定まった後,$N \setminus S$ のメンバー j は利得 x_j を受け取ってゲームから離脱する.残されたメンバー S から成るゲーム (S, v^x) において,全員で獲得可能な値 $v^x(S)$ は離脱したメンバーの得た残りの利得 $v(N) - \sum_{j \in N \setminus S} x_j$ になっている.各部分提携 $T \subset S$ に対する提携値 $v^x(T)$ はいわゆる部分ゲームの提携値と同じで $v(T)$ である.すなわち,この縮小ゲームは,$N \setminus S$ のメンバーが離脱した後,残された利得を,元のゲームと同じ提携パワーのもとで,再分配するゲームと考えることができる.

このように縮小ゲームを考えたとき,もし,元のゲーム (N,v) において,ある解の与える利得分配が全員に受け入れられたとすると,グループ $N \setminus S$ のメンバーがゲームから離れた後,縮小ゲーム (S, v^x) においても,同じ利得分配が解として受け入れられると考えるのが整合的である.この整合性の考え方を定式化したものが次の**整合性公理**である.φ をゲームの解としよう.また,$x = (x_i)_{i \in N} \in \mathbb{R}^N$ とするとき,$x_S = (x_i)_{i \in S} \in \mathbb{R}^S$ と表すことにする.

---

[1] (S, v^x) を (S, v^x_S) のように表す場合もある.

3.1 整合性公理とその意味

整合性公理[2]

$x \in \varphi(N,v)$ ならば,すべての非空な $S \subset N$ に対し, $x_S \in \varphi(S, v^x)$.

縮小ゲームの定義において,ただ 1 人のプレイヤーがゲームから離脱する場合を考えると,そのときの縮小ゲームと縮小ゲーム整合性公理は次のように表される. $j \in N$, $x \in \mathbb{R}^N$ のとき,縮小ゲーム $(N \setminus \{j\}, v^x)$ は,

$$v^x(N \setminus \{j\}) = v(N) - x_j, \quad v^x(T) = v(T) \quad \text{for } T \subset N \setminus \{j\},$$

で与えられ,縮小ゲーム整合性公理は,

$x \in \varphi(N,v)$ ならば,すべての $j \in N$ に対し, $x_{N \setminus \{j\}} \in \varphi(N \setminus \{j\}, v^x)$,

となる.あるグループのメンバーがゲームから離脱するとき,メンバーの 1 人がゲームを離れる縮小ゲームの定義を繰り返し適用すると,グループ全員がゲームを離れる縮小ゲームになる.もし,ゲームから離れる順番が最終的な縮小ゲームの定義に影響を与えないのであれば,1 人がゲームを離れるケースの縮小ゲーム整合性の分析は元の縮小ゲーム整合性の分析と同値になるであろう.したがってこのとき,1 人が離れるケースの縮小ゲームによって,整合性公理を統一的に表現することができる.実際,ここで定義した縮小ゲームでは,グループとして離れる場合とプレイヤーが 1 人ずつ離れる場合の縮小ゲームが,離脱の順序にかかわらず同一となる.

3.3 節以降,別の考え方に基づく縮小ゲームが提示され,それに基づく整合性公理が考察される.そこで,この縮小ゲームを他と区別するためにプロジェクション縮小ゲームと呼ぶことにする[3].代表的な協力ゲームの解であるコアがプロジェクション縮小ゲーム整合性公理を満たすことを確かめてみよう.

定理 3.1. コアはプロジェクション縮小ゲーム整合性公理を満たす.

証明. x をゲーム (N,v) のコアに属する配分とする. S を N の任意の非空な

---

[2] ここでは,すべてのゲームのクラスにおける整合性公理を表現している.
[3] プロジェクション縮小ゲームの名前の由来は 3.3 節参照.

部分集合とし，縮小ゲーム (S, v^x) を考える．まずはじめに，x は配分であるから，

$$\sum_{i \in S} x_i = v(N) - \sum_{i \in N \setminus S} x_i = v^x(S)$$

である．さらに，任意の $T \subset S$ に対し，x はゲーム (N, v) のコアに属するから，

$$v^x(T) = v(T) \leq \sum_{i \in T} x_i$$

が成り立つ．すなわち，x_S は縮小ゲーム (S, v^x) のコアに属する． □

公理化の研究のためにはどのようなゲームのクラスにおける公理化であるか明確にしておく必要がある．すなわち，いくつかの公理を満たす唯一の解が存在する場合，それが広いゲームのクラスに対して成り立つのであれば，それは広範な特徴付けとなる．一方，ゲームのクラスが狭ければ，そのような公理群を満たす解は他にも存在するかもしれない．言い換えると，小さなゲームのクラスに対し解の公理的な特徴付けをするためには，より多くの公理が必要となる可能性がある．ゲームのクラスを特定するために，いくつかの定義を与えておこう．まず，Γ^A をすべてのゲームのクラスとする．すなわち，

$$\Gamma^A = \{(N, v) \mid \emptyset \neq N \subset \mathbb{N}, |N| < \infty, v : 2^N \to \mathbb{R}, v(\emptyset) = 0\}.$$

さらに，本章で論じる代表的なゲームのクラスとして平衡ゲームのクラスを Γ^C で表す[4]．すなわち，

$$\Gamma^C = \{(N, v) \in \Gamma^A \mid \mathcal{C}(N, v) \neq \emptyset\}$$

である．あるゲームのクラスを一般的に Γ と表すことにしよう．また，解も，ゲームのクラスに応じて，正確に記述しておく必要がある．すべての $(N, v) \in \Gamma$ に対して集合 $\varphi(N, v) \subseteq \mathbb{R}^N$ を与える点対集合の関数 φ を Γ におけるゲー

---

[4] ここでコア $\mathcal{C}(N, v)$ は本書 14 ページの不等式系で定義されたコアを表している．

ムの解と呼ぶことにする．このとき，ゲームのクラス Γ を用いて整合性公理を記述すると次のようになる．

(Γ における）整合性公理

$(N,v) \in \Gamma$, $x \in \varphi(N,v)$ ならば，すべての非空な $S \subset N$ に対し，
$$(S, v^x) \in \Gamma \text{ かつ } x_S \in \varphi(S, v^x).$$

この節を閉じる前に，仁やシャープレイ値のような 1 点解である場合に整合性公理がどのように記述されるか注意しておこう．解 $\varphi(N,v)$ がゲームのクラス Γ において 1 点解であるとは，すべてのゲーム $(N,v) \in \Gamma$ に対し $\varphi(N,v)$ が常に存在してただ 1 つの利得ベクトルからなることである．解が 1 点解の性質を満たすとき，特にゲームの値と呼ぶことがある．σ をゲームの値とし，それに関する整合性公理を与えておこう．

（1 点解に対する）整合性公理

$(N,v) \in \Gamma$ ならば，すべての非空な $S \subset N$ に対し，
$$(S, v^{\sigma(N,v)}) \in \Gamma \text{ かつ } \sigma_S(N,v) = \sigma(S, v^{\sigma(N,v)}).$$

3.2 いくつかの基本的な公理

この節では，本章で用いる整合性公理以外の公理を紹介しよう．φ, ϕ を，それぞれ，ゲームのクラス Γ におけるゲームの解，ゲームの値とする．

全体合理性公理

$(N,v) \in \Gamma$ において，すべての $x \in \varphi(N,v)$ に対し，$\sum_{i \in N} x_i = v(N)$.

全体合理性公理はパレート最適性公理と呼ばれる場合がある．本書で扱うすべての TU ゲームの解は全体合理性公理を満たす．

個人合理性公理

$(N,v) \in \Gamma$ において,すべての $x \in \varphi(N,v)$ に対し,$x_i \geq v(\{i\})$ $\forall i \in N$.

個人合理性はすでに第 1 章で紹介されているが,本章ではこれを公理として扱う.しかしながら,本章で扱ういくつかの解は個人合理性を満たさない場合がある.

個人合理性と対になる公理は次の双対個人合理性である.これはリーゾナブル性とも呼ばれており,各プレイヤーの獲得利得が自分の全体提携に対する限界貢献度を超えないことを要請している[5].

双対個人合理性公理

$(N,v) \in \Gamma$ において,すべての $x \in \varphi(N,v)$ に対し,
$$x_i \leq v(N) - v(N \setminus \{i\}) \quad \forall i \in N.$$

ゲーム (N,v) の双対ゲーム (N,v^*) を $v^*(S) = v(N) - v(N \setminus S)$, $S \subseteq N$ で定義する.この双対ゲームでは,各提携 S は,彼ら以外のメンバーからなる提携 $N \setminus S$ の元のゲームでの獲得値 $v(N \setminus S)$ の残り $v(N) - v(N \setminus S)$ を得ている.すなわち,もし,元のゲームの提携値が彼らの獲得できる最小限の値(悲観的な獲得値)を表現しているのであれば,双対ゲームは彼らの獲得できる最大限の値(楽観的な獲得値)を表している.双対個人合理性は,双対ゲームにおける各個人の得る利得 x_i が双対ゲームの個人提携値 $v^*(\{i\})$ を超えないことを示している.コアは双対個人合理性を満たしている.

全体合理性と個人合理性の 2 つの公理を 2 人ゲーム $(\{1,2\},v)$ に適用しよう.この 2 つの公理を満たす解のうち,集合の包含関係の意味で最大の解,すなわち,この 2 つの公理を満たす解をすべて含み,同時にこの 2 つの公理を満たす解は

---

[5] 双対個人合理性と全体合理性を満たす解はリーゾナブル集合と呼ばれている.

$$\{(x_1, x_2) \in \mathbb{R}^2 \mid x_1 + x_2 = v(12),\ x_1 \geq v(1),\ x_2 \geq v(2)\}$$

であり，2人ゲームのコアと一致する．なお，全体合理性と双対個人合理性を用いても同じ結論が得られる．

全体合理性のもとでは，双対個人合理性は，次の $n-1$ 人提携合理性と同値である．この公理はすべてのゲーム $(N,v) \in \Gamma$ において，全体提携よりメンバーが1人少ないすべての提携に関し，提携合理性を要請するものであり，提携合理性の不等式をすべての $n-1$ 人提携に制限したものである．

$n-1$ 人提携合理性公理

$(N,v) \in \Gamma$ において，すべての $x \in \varphi(N,v)$ に対し，

$$\text{すべての } |S| = |N|-1 \text{ なる } S \subset N \text{ について } \sum_{j \in S} x_j \geq v(S).$$

第1章でも紹介した戦略上同等な変換に関する解の不変性も公理としてあげておこう．$A \subseteq \mathbb{R}^k$ に対し，次の記法を用いる．

$$\alpha A + \beta = \{\alpha x + \beta \mid x \in A\}.$$

戦略上同等な変換に関する解の不変性公理

$\alpha > 0$, $\beta = (\beta_1, \beta_2, \cdots, \beta_n)$ とするとき，ゲーム $(N,v') \in \Gamma$ がゲーム $(N,v) \in \Gamma$ から次の戦略上同等な変換

$$v'(S) = \alpha v(S) + \sum_{i \in S} \beta_i \quad \forall S \subseteq N$$

で与えられるのであれば，

$$\varphi(N, v') = \alpha \varphi(N, v) + \beta$$

が成り立つ．

さらに，次の優加法性の公理も有用である．その定義のために集合の加法と

ゲームの加法を次のように定義する．$A, B \subseteq \mathbb{R}^k$, $(N,v),(N,w) \in \Gamma^A$ とするとき，

$$A + B = \{x + y \mid x \in A,\ y \in B\},$$
$$(v + w)(S) = v(S) + w(S) \quad \forall S \subseteq N.$$

優加法性公理

すべてのゲーム $(N,v),(N,w) \in \Gamma$ に対し，
$$\varphi(N,v) + \varphi(N,w) \subseteq \varphi(N, v+w).$$

この公理は，2つのゲームの解の集合和が和ゲームの解に含まれることを要請している．

また，解の存在についての公理も必要である．

Γ における存在公理

すべてのゲーム $(N,v) \in \Gamma$ に対し，$\varphi(N,v) \neq \emptyset$.

さらに，ゲームの値（1点解）の公理化の問題も考察するため，解が1点集合であることも公理としよう．

1点解公理

すべてのゲーム $(N,v) \in \Gamma$ に対し，$\varphi(N,v)$ は1点集合である．

この1点解公理に次の対称性公理を加えると2人ゲームのクラスにおける重要な性質（公理）を得ることができる．このためにまず，プレイヤー i, j の対称性を定義する．

i,j が対称 $\iff$ すべての $S \subseteq N \setminus \{i,j\}$ に対し，$v(S \cup \{i\}) = v(S \cup \{j\})$.

対称性公理

$(N, v) \in \Gamma$ において,すべての対称なプレイヤー i, j に対し,
$x_i \in \varphi_i(N, v)$ かつ $x_j \in \varphi_j(N, v)$ ならば,$x_i \in \varphi_j(N, v)$ かつ $x_j \in \varphi_i(N, v)$.

この公理を 1 点解に適用すると,次の公理になる.

(1 点解に対する) 対称性公理

$(N, v) \in \Gamma$ において,i, j が対称なプレイヤーであれば,$\varphi_i(N, v) = \varphi_j(N, v)$.

定理 3.2. 2 人ゲーム $(\{1, 2\}, v)$ のクラスにおいて解 σ が対称性公理,1 点解公理,全体合理性公理,戦略上同等な変換に関する解の不変性公理を満たすならば

$$\sigma_1(N, v) = \frac{1}{2}(v(12) - v(1) - v(2)) + v(1),$$
$$\sigma_2(N, v) = \frac{1}{2}(v(12) - v(1) - v(2)) + v(2).$$

である.このように表現される 2 人ゲームの解を 2 人ゲームの標準解と呼ぶ.

証明. ゲーム (N, v) をゼロ正規化したゲームを (N, v') とし,その 1 点解を $(\sigma_1(N, v'), \sigma_2(N, v'))$ とおく.

全体合理性より $\sigma_1(N, v') + \sigma_2(N, v') = v'(12)$ を得る.ゼロ正規化された 2 人ゲームにおいて 2 人のプレイヤー $1, 2$ は対称であるから対称性公理より $\sigma_1(N, v') = \sigma_2(N, v')$ となる.よって,

$$\sigma_1(N, v') = v'(12)/2, \quad \sigma_2(N, v') = v'(12)/2,$$

となる.$v'(12) = v(12) - v(1) - v(2)$ と,戦略上同等な変換に関する解の不変性より $\sigma_i(N, v') = \sigma_i(N, v) - v(i)$ for $i = 1, 2$ であるから,

$$\sigma_1(N,v) = \frac{1}{2}(v(12) - v(1) - v(2)) + v(1),$$
$$\sigma_2(N,v) = \frac{1}{2}(v(12) - v(1) - v(2)) + v(2),$$

を得る. □

定理 3.2 の 4 つの公理を用いる代わりに，2 人ゲームにおいて解が標準解であるという性質を公理（**2 人ゲーム標準解公理**）として用いる場合がある．

3.3　いろいろな縮小ゲームとコアの公理化

本章では，協力ゲームの代表的ないくつかの解を整合性公理によって特徴付ける．そのために，代替的ないくつかの縮小ゲームの定義とそれによる整合性公理を紹介しよう．

はじめに 3.1 節で提示した縮小ゲームを再掲する．ゲーム (N,v) と利得ベクトル $x \in \mathbb{R}^N$ に対し，N のある非空な部分集合 S をプレイヤー集合とする縮小ゲーム (S, v^x) は，

$$v^x(S) = v(N) - \sum_{j \in N \setminus S} x_j, \quad v^x(T) = v(T) \quad \text{for } T \subset S,$$

で与えられる．この縮小ゲームは部分ゲームタイプの縮小ゲームあるいはプロジェクション縮小ゲームと呼ばれている．この名称は縮小ゲームの部分提携の提携値が元のゲームのプロジェクションとして得られるからである．このプロジェクション縮小ゲームに関する整合性公理のことをプロジェクション縮小ゲーム整合性と呼ぶことがある．

続いて，次のような縮小ゲーム (S, v^x) を考えよう．

$$v^x(T) = v(T \cup (N \setminus S)) - \sum_{j \in N \setminus S} x_j \quad \text{for } T \subseteq S,\ T \neq \emptyset,\ v^x(\emptyset) = 0.$$

この縮小ゲームの各提携 $T \subseteq S$ に対する提携値 $v^x(T)$ は次のように解釈でき

る．縮小ゲーム (S,v^x) において，利得の再分配交渉を行う際，外部のプレイヤー $j \in N \setminus S$ らは，それぞれ利得 x_j を受け取るという条件のもとで，S のいかなる部分提携 T にも協力する．この縮小ゲームではそれを前提として提携 T の提携値が求められている．すなわち，$v(T \cup (N \setminus S)) - \sum_{j \in N \setminus S} x_j$ が縮小ゲームにおける T の提携値となる．これは，この縮小ゲームの提案者にちなみ Moulin タイプ [50] の縮小ゲームあるいはコンプリメント縮小ゲームと呼ばれている．このコンプリメントという名称は縮小ゲームの提携値 $v^x(T)$ が，縮小ゲームのプレイヤー集合 S の補集合 $N \setminus S$ と常に関連付けられていることから名づけられている．このコンプリメント縮小ゲームによる整合性公理のことをコンプリメント縮小ゲーム整合性と呼ぶことがある．整合性公理は元のゲーム (N, v) において，ある解の与える利得分配がプレイヤー全員に受け入れられているとき，グループ $N \setminus S$ がその利得を受け取ってゲームから離れる際，コンプリメント縮小ゲーム (S, v^x) においても，同じ利得分配が解として受け入れられることを要請している．

なお，コンプリメント縮小ゲームの定義において，ただ 1 人のプレイヤー j がゲームを離れるとすると，そのときの縮小ゲーム $(N \setminus \{j\}, v^x)$ は，$j \in N$ に対し，$T \subseteq N \setminus \{j\}$，$x \in \mathbb{R}^N$ のとき，

$$v^x(T) = v(T \cup \{j\}) - x_j \quad \text{for } T \subseteq N \setminus \{j\},\ T \neq \emptyset,\quad v^x(\emptyset) = 0$$

となる．グループとして離れる場合の縮小ゲームとそのグループのプレイヤーが 1 人ずつ離れる場合の縮小ゲームは，離脱の順序にかかわらず同一である．

コンプリメント縮小ゲームの定義において，ゲームを離れたプレイヤー $j \in N \setminus S$ が残っているすべての部分提携 $T \subseteq S$ に協力しなければならないという定式化はわかりにくいかもしれない．これに関して，蓼沼 [84] は次のような段階的交渉と仲裁者による分配案の提案のモデルを用いて整合性公理を説明している．

プレイヤー全員が，いま全体提携の提携値 $v(N)$ の分配を協議しているとする．仲裁者が 1 つ分配案 x を配分の中から提示すると，各プレイヤーはいろいろなサブグループ S を形成してその分配案が妥当であるかを検討するものとする．このときサブグループ S の検討において，彼らは，そのグループに

分配された利得 $\sum_{i \in S} x_i$ を彼ら自身で分け直すことを考える．サブグループ内の交渉で原案が「否」とされると，原案は破棄され，仲裁者は別の案を提案し，交渉が繰り返される．すべてのサブグループにおいて原案が「是」とされると，全体での交渉に付され，ここでも「是」となれば分配案 x が最終的な決定となる．一方，全体での交渉により原案が「否」となると，一番始めに戻って仲裁者は別の案を提案しなければならない．

このような段階的交渉プロセスにおいて，サブグループ S 内の交渉では彼らは自分の属する提携 $T \subset S$ の提携値をもとに交渉をするが，その前提として $N \setminus S$ の人々の自分たちへの協力関係について全員に共通した考え方が存在する．それを記述したものが縮小ゲームである．コンプリメント縮小ゲームでは，$N \setminus S$ の人々はどのような提携 T に対しても常に協力することを前提としているが，プロジェクション縮小ゲームでは，$N \setminus S$ の人々はまったく協力しないことを前提としている．これ以外にも自分に最も有利な仕方で協力が得られると考え提携値を求め，それをもとに交渉を行うケースもある．これが次の Davis and Maschler [18] によって提案された縮小ゲームである．

ゲーム (N, v) と利得ベクトル $x \in \mathbb{R}^N$ に対し，N のある非空な部分集合 S をプレイヤー集合とする縮小ゲーム (S, v^x) は，

$$v^x(S) = v(N) - \sum_{j \in N \setminus S} x_j, \quad v^x(\emptyset) = 0,$$
$$v^x(T) = \max\{v(T \cup Q) - \sum_{j \in Q} x_j \mid Q \subseteq N \setminus S\} \quad \text{for } T \subset S, T \neq \emptyset,$$

で与えられる．ただ 1 人のプレイヤー j がゲームを離れるときの縮小ゲーム $(N \setminus \{j\}, v^x)$ で表現すると，$x \in \mathbb{R}^N$ のとき，

$$v^x(N \setminus \{j\}) = v(N) - x_j, \quad v^x(\emptyset) = 0,$$
$$v^x(T) = \max\{v(T), v(T \cup \{j\}) - x_j\} \quad \text{for } T \subset N \setminus \{j\}, T \neq \emptyset,$$

となる．この縮小ゲームは Davis and Maschler タイプの縮小ゲームあるいはマックス縮小ゲームと呼ばれている．名称の由来は提携値が最大となる外部の提携 Q を各 T が選択するからである．このマックス縮小ゲームによる整合性公理のことをマックス縮小ゲーム整合性と呼ぶことがある．このタイプの縮小

ゲームは，1960年代より知られているもので，その後も広く用いられている．単に縮小ゲームというと，このタイプの縮小ゲームを指すことが多い．

これらの縮小ゲーム整合性公理により多くの協力ゲームの解の公理化が可能となる．それでは，まずはじめにこれらの縮小ゲームによるコアの公理化を紹介しよう．

定理 3.1 で，コアがプロジェクション縮小ゲーム整合性を満たすことを証明しているので他の整合性，すなわち，コンプリメント縮小ゲーム整合性，マックス縮小ゲーム整合性を満たすことを示しておこう．

定理 3.3. コアはコンプリメント縮小ゲーム整合性公理，マックス縮小ゲーム整合性公理を満たす．

証明． x をゲーム (N, v) のコアに属する配分とする．S を N の任意の非空な部分集合とし，縮小ゲーム (S, v^x) を考える．まずはじめに，x は配分であるから，

$$\sum_{i \in S} x_i = v(N) - \sum_{i \in N \setminus S} x_i = v^x(S)$$

である．さらに，任意の $T \subset S$ に対し，$v(T \cup (N \setminus S)) \leq \sum_{j \in T \cup (N \setminus S)} x_j$ より，

$$v^x(T) = v(T \cup (N \setminus S)) - \sum_{j \in N \setminus S} x_j \leq \sum_{j \in T} x_j$$

が成り立つ．すなわち，$x_S = (x_j)_{j \in S}$ はコンプリメント縮小ゲーム (S, v^x) のコアに属する．

次に，(S, v^x) がマックス縮小ゲームであるとする．任意の $T \subset S, Q \subseteq N \setminus S$ に対し，$v(T \cup Q) \leq \sum_{j \in T \cup Q} x_j$ が成り立つ．そこで，Q_0 が $\max\{v(T \cup Q) - \sum_{j \in Q} x_j \mid Q \subseteq N \setminus S\} = v(T \cup Q_0) - \sum_{j \in Q_0} x_j$ を満たすとすると，

$$v^x(T) = v(T \cup Q_0) - \sum_{j \in Q_0} x_j \leq \sum_{j \in T} x_j$$

を得る．すなわち，x_S はマックス縮小ゲーム (S, v^x) のコアに属する． □

続いて，全体合理性公理がこれらの縮小ゲーム整合性公理と個人合理性公理から導かれることを示す．ただし，ここで，ゲームの解 $x \in \varphi(N, v)$ は実現可能性の条件 $\sum_{i \in N} x_i \leq v(N)$ を満たしているとする．

補題 3.1. ゲームのクラス Γ における解 φ が次の 3 公理，プロジェクション縮小ゲーム整合性公理，コンプリメント縮小ゲーム整合性公理，マックス縮小ゲーム整合性公理のいずれか 1 つと個人合理性公理を満たすのであれば，その解は全体合理性公理を満たす．

証明．解 φ が定理のいずれかの縮小ゲーム整合性公理と個人合理性公理を満たすが全体合理性公理を満たさないと仮定しよう．すなわち，ある，$(N, v) \in \Gamma$ に対して，ある $x \in \varphi(N, v)$ が存在して，$\sum_{j \in N} x_j < v(N)$ が成り立つ．そこで，任意の $i \in N$ に対して縮小ゲーム $(\{i\}, v^x)$ を考える．すると，どのタイプの縮小ゲーム整合性公理を考えても，

$$v^x(\{i\}) = v(N) - \sum_{j \in N \setminus \{i\}} x_j > x_i$$

が成り立つ．一方，縮小ゲーム整合性公理より，$x_i \in \varphi(\{i\}, v^x)$ であるから，個人合理性より $v^x(\{i\}) \leq x_i$ であるが，これは矛盾である． □

それではコアの公理化を導こう．はじめにコンプリメント縮小ゲーム整合性公理を用いた公理化を説明しよう．

定理 3.4. (Tadenuma [83]) 平衡ゲームのクラス Γ^C において，解 φ が Γ^C における存在公理，個人合理性公理，コンプリメント縮小ゲーム整合性公理を満たすのであれば，その解 φ はコアに限る．

証明．定理 3.3 からコアはコンプリメント縮小ゲーム整合性公理を満たす．ま

た明らかに他の公理も満たす．したがって，ある解 φ がこれらの公理を満たすならば，それがコア $\mathcal{C}$ であることを示せばよい．

はじめに解 φ がコアに含まれること，すなわち，$\varphi(N,v) \subseteq \mathcal{C}(N,v)$ $\forall (N,v) \in \Gamma^{\mathcal{C}}$ を示そう．まず，補題 3.1 より解 φ は全体合理性を満たす．したがって，全体合理性と個人合理性から，$\varphi(N,v) \subseteq \mathcal{C}(N,v)$ $\forall (N,v) \in \Gamma^{\mathcal{C}}$, $|N|=1,2$ が成り立つ．数学的帰納法により，すべてのゲーム $(N,v) \in \Gamma^{\mathcal{C}}$ についてこれが成り立つことを示す．

$\varphi(N,v) \subseteq \mathcal{C}(N,v)$ $\forall (N,v) \in \Gamma^{\mathcal{C}}$, $|N| \leq k$ $(k \geq 2)$ が成り立つと仮定する．このとき，$\varphi(M,v) \subseteq \mathcal{C}(M,v)$ $\forall (M,v) \in \Gamma^{\mathcal{C}}$, $|M|=k+1$ を示す．

$x \in \varphi(M,v)$, $j \in M$ とする．コンプリメント縮小ゲーム整合性より $x_{M \setminus \{j\}} \in \varphi(M \setminus \{j\}, v^x)$, かつ，帰納法の仮定より $\varphi(M \setminus \{j\}, v^x) \subseteq \mathcal{C}(M \setminus \{j\}, v^x)$ が成り立つ．したがって，任意の $S \subseteq M \setminus \{j\}$, $S \neq \emptyset$ に対し,

$$\sum_{i \in S} x_i \geq v^x(S) = v(S \cup \{j\}) - x_j$$

を得る．すなわち，任意の $j \in M$ と $S \subseteq M \setminus \{j\}$, $S \neq \emptyset$ に対し,

$$\sum_{i \in S \cup \{j\}} x_i \geq v(S \cup \{j\})$$

が成り立つ．これと個人合理性の条件から，$x \in \mathcal{C}(M,v)$ となる．よって，$\varphi(N,v) \subseteq \mathcal{C}(N,v)$ がすべての $(N,v) \in \Gamma^{\mathcal{C}}$ について成り立つ．

続いて逆の包含関係が成り立つことを示す．そのために，ゲーム $(N,v) \in \Gamma^{\mathcal{C}}$ と $x \in \mathcal{C}(N,v)$ をとり，それに対し新たなゲーム (M,u) を次のようにつくる．まず，$j \in \mathbb{N}$, $j \notin N$ をとり，$M = N \cup \{j\}$ とする．さらに，$u(\{j\}) = 0$, また，$S \subseteq N$ なる S に対し,

$$u(S \cup \{j\}) = v(S), \quad u(S) = \sum_{i \in S} x_i,$$

とする．このとき，$y \equiv (x,0) \in \mathbb{R}^M$ と定義すると $y \in \mathcal{C}(M,u)$ となる．なぜなら，

$$u(M) = v(N) = \sum_{i \in N} x_i = \sum_{i \in M} y_i,$$

かつ,任意の $S \subseteq M \setminus \{j\}$ に対し,

$$u(S \cup \{j\}) = v(S) \leq \sum_{i \in S} x_i = \sum_{i \in S \cup \{j\}} y_i, \quad u(S) = \sum_{i \in S} x_i = \sum_{i \in S} y_i,$$

が成り立つからである.さらに,$\{y\} = \mathcal{C}(M, u)$ である.なぜなら,$z \in \mathcal{C}(M, u)$ とすると,$\sum_{i \in M} z_i = u(M) = \sum_{i \in N} x_i = u(N) \leq \sum_{i \in N} z_i$ かつ,$z_j \geq u(\{j\}) = 0$ であるから,$z_j = 0$ である.さらに,$i \in N$ とすると,$z_i \geq u(\{i\}) = x_i = y_i$ であり,$\sum_{i \in N} z_i = \sum_{i \in M} z_i = u(M) = \sum_{i \in M} y_i = \sum_{i \in N} y_i$ であるから,すべての $i \in N$ に対して $z_i = y_i$ が成り立たなければならない.よって $\{y\} = \mathcal{C}(M, u)$ を得る.

最後に任意の $S \subseteq N,\ S \neq \emptyset$ に対して,

$$u^y(S) = u(S \cup \{j\}) - y_j = u(S \cup \{j\}) = v(S)$$

であるから,$(N, u^y) = (N, v)$ となる.

$x \in \mathcal{C}(N, v)$ とする.ここで,上で定義したゲーム (M, u) を考える.はじめに証明したように,公理を満たす解 φ はコアに含まれるので,

$$\varphi(M, u) \subseteq \mathcal{C}(M, u) = \{y\}$$

が成り立つので,Γ^C における解の存在公理から $\varphi(M, u) = \mathcal{C}(M, u) = \{y\}$ が成り立つ.さらに,解 φ のコンプリメント縮小ゲーム整合性から,$y \in \varphi(M, u)$,$N \subset M$ に対して

$$x = y_N \in \varphi(N, u^y) = \varphi(N, v)$$

が成り立つ.これで $\mathcal{C}(N, v) \subseteq \varphi(N, v)$ を示すことができた.よって $\mathcal{C}(N, v) = \varphi(N, v)$ である. □

続いてプロジェクション縮小ゲーム整合性公理を用いた公理化を説明しよう.この公理化には双対個人合理性が必要となるが証明自体は定理 3.4 と非常

3.3 いろいろな縮小ゲームとコアの公理化

によく似ている.

定理 3.5. (Funaki [22]) 平衡ゲームのクラス Γ^C において,解 φ が Γ^C における存在公理,全体合理性公理,双対個人合理性公理,プロジェクション縮小ゲーム整合性公理を満たすのであれば,その解 φ はコアに限る.

証明. ここでは定理 3.4 と異なる部分に関して証明する.コアがプロジェクション縮小ゲーム整合性公理を満たすことは,すでに定理 3.1 で証明されている.

解 φ がこれらの公理を満たすとき,コアに含まれることの証明もほとんど同じであるが,帰納法の証明において以下の部分が異なっている.

$\varphi(N,v) \subseteq \mathcal{C}(N,v) \ \forall (N,v) \in \Gamma^C, |N| \leq k \ (k \geq 2)$ が成り立つと仮定する.このとき,$\varphi(M,v) \subseteq \mathcal{C}(M,v) \ \forall (M,v) \in \Gamma^C, |M| = k+1$ を示す.帰納法の仮定より $j \in M$ に対し,$\varphi(M \setminus \{j\}, v^x) \subseteq \mathcal{C}(M \setminus \{j\}, v^x)$ を得る.したがって,任意の $S \subset M \setminus \{j\}$ に対し,

$$\sum_{i \in S} x_i \geq v^x(S) = v(S)$$

を得る.また,ゲーム (M,v) における双対個人合理性の条件 $x_j \leq v(M) - v(M \setminus \{j\})$ と全体合理性 $\sum_{i \in M} x_i = v(M)$ から $\sum_{i \in M \setminus \{j\}} x_i \geq v(M \setminus \{j\})$ を得る.したがって,任意の $S \subset M, |S| = |M| - 1$ に対し,

$$\sum_{i \in S} x_i \geq v(S)$$

を得る.よって $x \in \mathcal{C}(M,v)$ となる.これらにより,$\varphi(N,v) \subseteq \mathcal{C}(N,v)$ がすべての $(N,v) \in \Gamma^C$ について成り立つことが示された.

逆の包含関係が成り立つことを示すためには定理 3.4 と異なる新たなゲームをつくる必要がある.ゲーム $(N,v) \in \Gamma^C$ と $x \in \mathcal{C}(N,v)$ をとり,それに対し,次のようにゲーム (M, u') をつくる.まず,$j \in \mathbb{N}, j \notin N$ をとり,$M = N \cup \{j\}$ とする.さらに,$u'(\{j\}) = 0$,また,$S \subseteq N$ に対し,

$$u'(S) = v(S), \quad u'(S \cup \{j\}) = \sum_{i \in S} x_i,$$

とする.このとき,$y \equiv (x,0) \in \mathbb{R}^M$ と定義すると $y \in \mathcal{C}(M,u')$ となる.なぜなら,$u'(M) = \sum_{i \in N} x_i = \sum_{i \in M} y_i$, かつ,

$$u'(S) = v(S) \leq \sum_{i \in S} x_i = \sum_{i \in S} y_i, \quad u'(S \cup \{j\}) = \sum_{i \in S} x_i = \sum_{i \in S} y_i = \sum_{i \in S \cup \{j\}} y_i,$$

が成り立つからである.さらに,$\{y\} = \mathcal{C}(M,u')$ である.なぜなら,$z \in \mathcal{C}(M,u')$ としたとき,まず定理 3.4 と同様にして $z_j = 0$ を得る.さらに,$i \in N$ とすると,$z_i = z_i + z_j \geq u'(\{i,j\}) = x_i = y_i$ であり,$\sum_{i \in N} z_i = v(M) = u'(M) = \sum_{i \in N} y_i$ であるから,すべての $i \in N$ に対して $z_i = y_i$ が成り立たなければならない.

最後に N と任意の $S \subset N$ に対して,

$$u'^y(N) = u'(N \cup \{j\}) - y_j = u'(M) = \sum_{i \in N} x_i = v(N), \quad u'^y(S) = v(S)$$

であるから,$(N, u'^y) = (N, v)$ となる.

証明の最後の部分は定理 3.4 とまったく同じである. □

全体合理性のもとでの双対個人合理性と $n-1$ 人提携合理性公理の同値性および補題 3.1 から,次の系が導かれる.

系 3.1. 平衡ゲームのクラス $\Gamma^\mathcal{C}$ において,解 φ が $\Gamma^\mathcal{C}$ における存在公理,全体合理性公理,$n-1$ 人提携合理性公理,プロジェクション縮小ゲーム整合性公理を満たすのであれば,その解 φ はコアに限る.

系 3.2. 平衡ゲームのクラス $\Gamma^\mathcal{C}$ において,解 φ が $\Gamma^\mathcal{C}$ における存在公理,個人合理性公理,双対個人合理性公理,プロジェクション縮小ゲーム整合性公理を満たすのであれば,その解はコアに限る.

最後にマックス縮小ゲーム整合性公理を用いた公理化を説明しよう.この公理化には優加法性公理が必要となる.

定理 3.6. (Peleg [65]) 平衡ゲームのクラス $\Gamma^\mathcal{C}$ において，解 φ が $\Gamma^\mathcal{C}$ における存在公理，個人合理性公理，優加法性公理，マックス縮小ゲーム整合性公理を満たすのであれば，その解 φ はコアに限る．

証明． コアがマックス縮小ゲーム整合性公理を満たすことは定理 3.3 に示されている．また，他の公理を満たすことも明らかである．

解 φ がこれらの公理を満たすときにコアに含まれることの証明もほとんど同じであるが，帰納法の証明において以下の部分が異なっている．
$\varphi(N,v) \subseteq \mathcal{C}(N,v)$ $\forall (N,v) \in \Gamma^\mathcal{C}$, $|N| \leq k$ $(k \geq 2)$ が成り立つと仮定する．このとき，$\varphi(M,v) \subseteq \mathcal{C}(M,v)$ $\forall (M,v) \in \Gamma^\mathcal{C}$, $|M| = k+1$ を示す．帰納法の仮定より $j \in M$ に対し，$\varphi(M \setminus \{j\}, v^x) \subseteq \mathcal{C}(M \setminus \{j\}, v^x)$ を得る．したがって，任意の $S \subset M \setminus \{j\}$, $S \neq \emptyset$ に対し，
$$\sum_{i \in S} x_i \geq v^x(S) = \max\{v(S), v(S \cup \{j\}) - x_j\} \geq v(S)$$
を得る．同様に，
$$\sum_{i \in S} x_i \geq v^x(S) = \max\{v(S), v(S \cup \{j\}) - x_j\} \geq v(S \cup \{j\}) - x_j$$
より，$\sum_{i \in S \cup \{j\}} x_i \geq v(S \cup \{j\})$ を得る．

これらと個人合理性より $x \in \mathcal{C}(M,v)$ となる．よって，$\varphi(N,v) \subseteq \mathcal{C}(N,v)$ がすべての $(N,v) \in \Gamma^\mathcal{C}$ について成り立つ．

逆の包含関係については定理 3.4，定理 3.5 とまったく異なった証明が必要である．

まず $|N| \geq 3$ のとき，$x \in \mathcal{C}(N,v)$ とする．ゲーム (N,w) を次のように定義する．
$$w(\{i\}) = v(\{i\}) \ \forall i \in N, \ w(S) = \sum_{i \in S} x_i \ \text{for } S \ (|S| \geq 2),$$
はじめに $x \in \mathcal{C}(N,w)$ に注意する．任意の $y \in \mathcal{C}(N,w)$, $i \in N$ に対し，$\sum_{j \in N \setminus \{i\}} y_j \geq w(N \setminus \{i\}) = \sum_{j \in N \setminus \{i\}} x_j$, かつ，$\sum_{j \in N} y_j = w(N) = \sum_{j \in N} x_j$ であるから，$y_i = x_i$，すなわち，$\mathcal{C}(N,w) = \{x\}$ となる．解 φ は存在公理と $\varphi(N,w) \subseteq \mathcal{C}(N,w)$ を満たすから，$\varphi(N,w) = \{x\}$ となる．

次に新たなゲーム (N,u) を $u = v - w$ で定義する．そのとき，すべての $i \in N$ に対して $u(\{i\}) = 0$, $u(N) = 0$ が成り立つ．φ は個人合理性公理と存在公理を満たすので，$u(S) \leq 0$ $\forall S$ より $\mathcal{C}(N,u) \neq \phi$ であるから $\varphi(N,u) = \{0\}$ を得る．$v = u + w$ であるから，優加法性公理より $\varphi(N,v) \supseteq \varphi(N,u) + \varphi(N,w) = \{x\}$ が成り立つので，$\mathcal{C}(N,v) \subseteq \varphi(N,v)$ が得られる．すなわち，$\mathcal{C}(N,v) = \varphi(N,v)$ が成り立つ．

次に $|N| \leq 2$ のケースを考える．$|N| = 1$ のときは全体合理性公理と存在公理から $\varphi(N,v) = \mathcal{C}(N,v)$ が言える．$|N| = 2$ のとき，$N = \{i,j\}$ と表すことにする．i, j 以外のプレイヤー k に対し，$M = \{i,j,k\}$ とする．ゲーム (M,u) を次のように定義する．

$$u(M) = v(N), \quad u(S) = \sum_{h \in S \cap N} v(\{h\}) \text{ for } S \subset M.$$

$(x_i, x_j) \in \mathcal{C}(N,v)$ とする．このとき，$y = (x_i, x_j, 0) \in \mathcal{C}(M,u)$ が成り立つ．さらに，$|M| = 3$ であるから，$\mathcal{C}(M,u) = \varphi(M,u)$ が成り立つ．したがって $y \in \varphi(M,u)$ である．さらに，$(N, u^y) = (N, v)$ であるから，整合性公理より $x = y_N \in \varphi(N, u^y) = \varphi(N,v)$ が成り立つ．したがって $\mathcal{C}(N,v) \subseteq \varphi(N,v)$ が得られる． □

この節を閉じるにあたり，ゲームのクラスをさらに，小さなクラスに限定した場合，整合性公理によるコアの公理化がどのようになるかを吟味しよう．ゲームの解があるゲームのクラスにおいて公理化されているとき，そのクラスに含まれる部分クラスにおいて，その解は当然すべての公理を満たしている．しかしながら，他の解もその部分クラスにおいては同じ公理群を満たす可能性がある．したがって，この部分クラスでは解の一意性が保証されない．そこで，このような部分クラスにおいては解を峻別するために追加的な公理を見いだす必要があるかもしれない．たとえば，凸ゲームのクラスにおいて，これまでに紹介した一意性の証明は成り立たず，一意性は保証されない．

ゲームのコアについて分析を行うとき，最も重要なクラスの1つが全平衡ゲームのクラスである．これはすべての部分ゲームに対してコアが存在するようなゲームのクラスであり，TU 市場ゲームのクラスと同一視することができ

る．全平衡ゲームのクラス Γ^T におけるコアの公理的特徴付けは以下のように与えられる．

定理 3.7. (Peleg [65]) Γ^T において，コアは Γ^T における存在公理，個人合理性公理，優加法性公理，マックス縮小ゲーム整合性公理，逆縮小ゲーム整合性公理によって公理化される[6]．

コアが上記の公理を Γ^c において満たすことは本書で示されている（定理 3.3，定理 3.8）．したがって一意性の証明のみが残されている．しかしながら，この証明は技巧的で煩雑な証明しか知られていないので，本書では割愛する．詳細は Peleg [65] を参照していただきたい．この定理では縮小ゲーム整合性公理より弱い次の弱縮小ゲーム整合性公理を用いている．平衡ゲームにおけるコアの公理化も，マックス縮小ゲーム整合性公理に変えて，弱（マックス）縮小ゲーム整合性公理を用いることが可能である．

弱（マックス）縮小ゲーム整合性公理

$(N, v) \in \Gamma$ とする．$x \in \varphi(N, v)$ ならば，

すべての $|S| = 2$ を満たす $S \subset N$ に対し，$(S, v^x) \in \Gamma$ かつ $x_S \in \varphi(S, v^x)$．

3.4 プレカーネルとプレ仁の公理化

3.4.1 プレカーネルの公理化

一般的にカーネルより次に示すプレカーネルの方が数学的に取り扱いやすい．この節ではプレカーネルの公理化を紹介する．プレカーネル $\mathcal{K}^*(N, v)$ は，

$$\mathcal{K}^*(N, v) = \{x \in \mathcal{I}^*(N, v) \mid s_{ij}^v(x) = s_{ji}^v(x) \ \forall i, j \in N, \ (i \neq j)\}$$

で与えられる．ここで，$\mathcal{I}^*(N, v)$ はプレ配分の集合 $\{x \in \mathbb{R}^N \mid \sum_{j \in N} x_j = $

---
[6] 逆縮小ゲーム整合性公理の定義は 3.4 節で与えられる．

$v(N)$}である.ゲームが優加法性を満たすとき,プレカーネルは個人合理性を満たし,カーネルと一致する.$s_{ij}(x)$はゲーム (N,v) にも依存するので,$s_{ij}^v(x)$ と記すことにする.この節ではマックス縮小ゲームによる整合性公理(マックス縮小ゲーム整合性)のみを考察の対象とする.次の逆縮小ゲーム整合性もマックス縮小ゲームに対する定義である.

逆縮小ゲーム整合性

$(N,v) \in \Gamma^A$, $x \in \mathcal{I}^*(N,v)$ のとき,任意のペア $i,j \in N$ $(i \neq j)$ に対し,
$$x_{\{i,j\}} \in \varphi(\{i,j\},v^x) \text{ ならば}, x \in \varphi(N,v).$$

逆縮小ゲーム整合性は,プレ配分 x がすべてのペア i,j に対して,縮小ゲーム $(\{i,j\},v^x)$ の解であるならば,x が元のゲーム (N,v) の解であることを示している.プレカーネルの公理化ではこの逆縮小ゲーム整合性が鍵の公理となる.プレカーネルの話に入る前に,コアが逆縮小ゲーム整合性を満たすことを見ておくことにしよう.

定理 3.8. コアは逆縮小ゲーム整合性を満たす.

証明. $|N|=2$ のときは明らかであるので $|N| \geq 3$ とする.$(N,v) \in \Gamma^A$, $x \in \mathcal{I}^*(N,v)$ とし,すべてのペア $i,j \in N$ $(i \neq j)$ に対し,$x_{\{i,j\}} \in \mathcal{C}(\{i,j\},v^x)$ とする.任意の $T \subset N$, $T \neq \emptyset, |T| \geq 2$ をとり,$k \in T$, $l \in N \setminus T$ をとる.さらに $Q = \{k,l\}$ とする.$x_{\{k,l\}} \in \mathcal{C}(\{k,l\},v^x)$ であるから,縮小ゲーム (Q,v^x) に対し,

$$0 \geq v^x(\{k\}) - x_k = \max\left\{v(\{k\} \cup R) - \sum_{i \in R} x_i \,\middle|\, R \subset N \setminus \{k,l\}\right\} - x_k$$
$$= \max\left\{v(\{k\} \cup R) - \sum_{i \in \{k\} \cup R} x_i \,\middle|\, k \notin R, l \notin R\right\} \geq v(T) - \sum_{i \in T} x_i$$

が成り立つ.さらに,$x_{\{i,j\}} \in \mathcal{C}(\{i,j\},v^x)$ より,$x_i \geq v^x(\{i\}) \geq v(\{i\})$ $\forall i \in$

N を得る．よって $x \in \mathcal{C}(N,v)$ である． □

続いてプレカーネルが（マックス）縮小ゲーム整合性と逆縮小ゲーム整合性を満たすことを示そう．

定理 3.9. プレカーネル $\mathcal{K}^*$ は Γ^A において（マックス）縮小ゲーム整合性と逆縮小ゲーム整合性を満たす．

証明． $(N,v) \in \Gamma^A$, $S \subset N$, $i,j \in S$ $(i \neq j)$ とし，縮小ゲーム (S, v^x) を考える．このとき，このゲームにおいて，$x \in \mathcal{I}^*(N,v)$ に対し，

$$\begin{aligned}
s_{ij}^{v^x}(x_S) &= \max\left\{v^x(T) - \sum_{k \in T} x_k \;\middle|\; T \subset S,\, i \in T,\, j \notin T\right\} \\
&= \max\left\{\max\left\{v(T \cup Q) - \sum_{k \in Q} x_k \mid Q \subseteq N \setminus S\right\}\right. \\
&\qquad \left. - \sum_{k \in T} x_k \;\middle|\; T \subset S,\, i \in T,\, j \notin T\right\} \\
&= \max\left\{\max\left\{v(T \cup Q) - \sum_{k \in T \cup Q} x_k \;\middle|\; Q \subseteq N \setminus S\right\} \middle|\, T \subset S,\right. \\
&\qquad \left. i \in T,\, j \notin T\right\} \\
&= \max\left\{v(P) - \sum_{k \in P} x_k \;\middle|\; P \subset N,\, i \in P,\, j \notin P\right\} \\
&= s_{ij}^v(x)
\end{aligned}$$

が成り立つ．ゆえに，$x \in \mathcal{K}^*(N,v)$ ならば，任意の $i,j \in S$ $(i \neq j)$ に対し，

$$s_{ij}^{v^x}(x_S) = s_{ij}^v(x) = s_{ji}^v(x) = s_{ji}^{v^x}(x_S)$$

が成り立つ．よって，$x_S \in \mathcal{K}^*(S, v^x)$ である．

続いて，$x \in \mathcal{I}^*(N,v)$ において，すべてのペア $i,j \in N$ $(i \neq j)$ に対し $x_{\{i,j\}} \in \mathcal{K}^*(\{i,j\}, v^x)$ とする．このとき，

$$s_{ij}^{v^x}(x_{\{i,j\}}) = s_{ji}^{v^x}(x_{\{i,j\}})$$

が成り立つから，先の議論より，

$$s_{ij}^v(x) = s_{ij}^{v^x}(x_{\{i,j\}}) = s_{ji}^{v^x}(x_{\{i,j\}}) = s_{ji}^v(x)$$

が成り立つ．すなわち，$x \in \mathcal{K}^*(N,v)$ である． □

定理 3.10. (Peleg [65]) プレカーネルは 2 人ゲームの標準解公理，Γ^A における（マックス）縮小ゲーム整合性公理，逆縮小ゲーム整合性公理，全体合理性を満たす唯一の解である．

証明． 2 人ゲーム $(\{i,j\},v)$ において，$x \in \mathcal{K}^*(\{i,j\},v)$ とすると，

$$s_{ij}^v(x) = s_{ji}^v(x)$$

より，

$$v(\{i\}) - x_i = v(\{j\}) - x_j$$

が成り立つ．x は全体合理性 $x_i + x_j = v(\{i,j\})$ を満たすので，それを連立させると，x が標準解となる．すなわち，2 人ゲームのプレカーネルは標準解である．さらに，プレカーネルが縮小ゲーム整合性公理と，逆縮小ゲーム整合性公理を満たすことはすでに定理 3.9 で証明した．

これらの公理を満たすのはプレカーネルに限ることを示そう．$|N| = 1$ のときは，全体合理性より得られる．$|N| = 2$ のとき，これまでの証明部分でプレカーネルと標準解の一致が証明されている．

φ を 2 人ゲームの標準解公理，Γ^A における（マックス）縮小ゲーム整合性公理と逆縮小ゲーム整合性公理を満たす解であるとする．さらに，$|N| \geq 3$ とする．もし，$x \in \varphi(N,v)$ ならば，整合性公理からすべてのペア $\{i,j\}$ $(i \neq j)$ に対し $x_{\{i,j\}} \in \varphi(\{i,j\},v^x)$ が成り立つ．2 人ゲームでは $\varphi = \mathcal{K}^*$ であるから，すべてのペア $\{i,j\}$ $(i \neq j)$ に対し $x_{\{i,j\}} \in \mathcal{K}^*(\{i,j\},v^x)$ が成り立つ．プレカーネルは逆縮小ゲーム整合性公理を満たすから，$x \in \varphi(N,v) \subseteq \mathcal{I}^*(N,v)$

より，$x \in \mathcal{K}^*(N,v)$ を得る．すなわち，$\varphi(N,v) \subseteq \mathcal{K}^*(N,v)$ である．同様に，$x \in \mathcal{K}^*(N,v)$ ならば，プレカーネルは整合性公理を満たすからすべてのペア $\{i,j\}$ $(i \neq j)$ に対し $x_{\{i,j\}} \in \mathcal{K}^*(\{i,j\},v^x)$ が成り立つ．2人ゲームでは $\varphi = \mathcal{K}^*$ であるから，すべてのペア $\{i,j\}$ $(i \neq j)$ に対し $x_{\{i,j\}} \in \varphi(\{i,j\},v^x)$ が成り立つ．逆縮小ゲーム整合性公理を満たすから，$x \in \mathcal{K}^*(N,v) \subseteq \mathcal{I}^*(N,v)$ より，$x \in \varphi(N,v)$ を得る．すなわち，$\mathcal{K}^*(N,v) \subseteq \varphi(N,v)$ である． □

系 3.3. Γ^A において，プレカーネルは，全体合理性公理，戦略上同等な変換に関する不変性公理，対称性公理，縮小ゲーム整合性公理，逆縮小ゲーム整合性公理を満たす唯一の解である．

3.4.2 プレ仁の公理化

前節でプレカーネルを定義したのと同様，プレ仁 $\mathcal{N}^*(N,v)$ を次のように定義する．

$$\mathcal{N}^*(N,v) = \{x \in \mathcal{I}^*(N,v) \mid y \gg x \text{ となる } y \in \mathcal{I}^*(N,v) \text{ が存在しない }\}.$$

仁およびプレ仁の公理化はともにかなり難しい．プレカーネルの公理化に比べると多くの補題が必要となる．この節ではプレ仁が整合性公理を満たすことのみを証明することとする．一意性の証明は非常に煩雑な長い証明しか知られていないので，Peleg and Sudhölter [66] や Sobolev [79] を参照していただきたい．なお，一意性の証明には対称性公理より若干強い，次の（1点解に対する）無名性公理が必要であるので，それを挙げておく．無名性公理から対称性公理が導かれることは読者自ら確かめていただきたい．

無名性公理

$\phi(N,v)$ をすべてのゲームのクラス Γ^A における1点解とする．また，π を N から自然数の集合 $\mathcal{N}$ への単射であるとし，ゲーム $(\pi(N),\pi v)$ を $(\pi v)(\pi(S)) = v(S)$ $\forall S \subseteq N$ で定義する．このとき，$\phi(\pi(N),\pi v) = \pi(\phi(N,v))$ が成り立つ．ここで，$x \in \mathbb{R}^n$ のとき，$\pi(x)$ を $\pi_{\pi(i)}(x) = x_i$ $\forall i \in N$ で定義する．

定理 3.11. (Sobolev [79]) Γ^A において，プレ仁は解の 1 点性公理，戦略上同等な変換に関する不変性公理，無名性公理，(マックス) 縮小ゲーム整合性公理，全体合理性公理を満たす唯一の解である．

プレ仁が公理を満たすことの証明． プレ仁は明らかに 1 点性を満たす．戦略上同等な変換に関する不変性公理，無名性公理を満たすことは明らかである．ここでは縮小ゲーム整合性公理を満たすことを証明する．そのためには，次の補題 3.2 が必要である．下記では $y(S) = \sum_{i \in S} y_i$ の記法を用いる．

補題 3.2. $(N, v) \in \Gamma^A$ とし，$x \in \mathcal{I}^*(N, v)$ とする．このとき，x がプレ仁 $\mathcal{N}^*(N, v)$ と一致する必要十分条件は，x が以下の命題 $(*)$ を満たすことである．

命題 $(*)$：$x \in \mathcal{I}^*(N, v)$ とする．$D(x, \alpha) = \{S \subset N \mid e(S, x) \geq \alpha\} \neq \emptyset$ を満たす任意の実数 α に対し，$\sum_{i \in N} y_i = 0$ なる任意の y について，$y(S) \geq 0 \ \forall S \in D(x, \alpha)$ が成り立つならば，$y(S) = 0 \ \forall S \in D(x, \alpha)$ が成り立つ．

補題の証明．

（必要性）x をプレ仁 $\mathcal{N}^*(N, v)$ とし，α，$D(x, \alpha)$，$y \in \mathbb{R}^N$ が命題 $(*)$ の条件を満たしているとする．すなわち，$D(x, \alpha) = \{S \subset N \mid e(S, x) \geq \alpha\} \neq \emptyset$ が成り立ち，$\sum_{i \in N} y_i = 0$ を満たす y に対し $y(S) \geq 0 \ \forall S \in D(x, \alpha)$ が成り立っているとする．

ここで，ある α，ある $\hat{S} \in D(x, \alpha)$ に対し，$y(\hat{S}) > 0$ が成り立つと仮定する．さらに，実数 t に対しプレ配分 $z(t) = x + ty$ を定義する．このとき，$\hat{S} \in D(x, \alpha)$ と，任意の $T \notin D(x, \alpha)$ に対し，$e(\hat{S}, x) \geq \alpha > e(T, x)$ が成り立つ．したがって $e(S, x)$ の x に関する連続性から，十分小さな $t' > 0$ に対し，$e(\hat{S}, z(t')) > e(T, z(t'))$ が成り立つ．さらに，すべての $S \in D(x, \alpha)$ に対し，

$$e(S, z(t')) = v(S) - (x(S) + t'y(S)) = e(S, x) - t'y(S) \leq e(S, x)$$

が成り立っている．この事実と $e(\hat{S}, z(t')) = e(\hat{S}, x) - t'y(\hat{S}) < e(\hat{S}, x)$，および，すべての $T \notin D(x, \alpha)$ について $e(T, z(t')) < e(\hat{S}, z(t'))$ から，$z(t') \gg x$

となり，x がプレ仁であることに矛盾する．したがって，すべての $S \in D(x,\alpha)$ に対し，$y(S) = 0$ が成り立つ．

（十分性）x をプレ配分とし，命題 $(*)$ が成り立っているとする．また，z をプレ仁 $\mathcal{N}^*(N,v)$ とし，次のような集合

$$\{\alpha \mid \alpha = e(S,x),\ S \in 2^N,\ S \neq \emptyset,\ S \neq N\} = \{\alpha_1, \alpha_2, \cdots, \alpha_p\}$$

をとる．ここで，$\alpha_1 > \alpha_2 > \cdots > \alpha_p$ とする．さらに，$y = z - x$ とする．このとき，$z \gg x$ であるから，$S \in D(x,\alpha_1)$ に対し，$e(S,x) = \alpha_1 \geq e(S,z)$ が成り立つ．すなわち，

$$e(S,x) - e(S,z) = (z-x)(S) = y(S) \geq 0$$

が成り立つ．このとき，補題の条件が成り立つと仮定しているから，$y(S) = 0$ でなければならない．すなわち，すべての $S \in D(x,\alpha_1)$ に対し $y(S) = 0$ が成り立つ．

以下は帰納法で証明する．$y(S) = 0$ がすべての $S \in D(x,\alpha_t)$（$1 \leq t < p$）について成り立つとする．そのとき，$z \gg x$ であるから，すべての $S \in D(x,\alpha_{t+1}) \setminus D(x,\alpha_t)$ に対し，$e(S,x) = \alpha_{t+1} \geq e(S,z)$ が成り立つ．すなわち，$y(S) \geq 0$ であるから，補題の条件より，$y(S) = 0$ でなければならない．すなわち，すべての $S \in D(x,\alpha_{t+1})$ に対し $y(S) = 0$ が成り立つ．

この議論を進めると，すべての $S \subset N$ に対し，$y(S) = 0$ を得る．これと $y(N) = 0$ より $x = z$ を得る． □

補題 3.2 を使ってプレ仁が縮小ゲーム整合性公理を満たすことの証明を行おう．ゲーム (N,v) における $D(x,\alpha)$ と縮小ゲーム (S,v^x) における $D(x,\alpha)$ を区別するため，前者を $D^N(x,\alpha)$ と記し，後者を $D^S(x,\alpha)$ と記すことにする．

z をゲーム (N,v) のプレ仁であるとしよう．このとき，補題 3.2 から実数 α に対し，$D^N(z,\alpha) \neq \emptyset$ のとき，$\sum_{i \in N} y_i = 0$ なる y に対し，$y(Q) \geq 0$ $\forall Q \in D^N(z,\alpha)$ ならば，$y(Q) = 0$ $\forall Q \in D^N(z,\alpha)$ が成り立つ．

このとき，縮小ゲーム (S,v^z) において，$(z_i)_{i \in S} = z_S$ が補題 3.2 の命題 $(*)$ を満たすことを示す．そこで，実数 α に対し，$D^S(z_S,\alpha) = \{Q \subset S \mid v^z(Q) -$

$z(Q) \geq \alpha\} \neq \emptyset$ が成り立ち，$\sum_{i \in S}(y_S)_i = 0$ なる任意の y_S に対し，$y_S(Q) \geq 0 \quad \forall Q \in D^S(z_S, \alpha)$ が成り立つと仮定する．このとき，$T \in D^N(z, \alpha)$ とすると，$T \cap S \neq \emptyset$ のとき，

$$v^z(T \cap S) - z(T \cap S) = \max_{R \subseteq N \setminus (T \cap S)} \{v((T \cap S) \cup R) - z(R)\} - z(T \cap S)$$
$$\geq v((T \cap S) \cup (T \setminus S)) - z((T \cap S) \cup (T \setminus S))$$
$$= v(T) - z(T) \geq \alpha$$

であるから，

$$\{T \cap S \mid T \in D^N(z, \alpha), T \cap S \neq \emptyset, T \neq S\} \subseteq D^S(z_S, \alpha)$$

が成り立つ．一方，$Q \in D^S(z_S, \alpha)$ とし，$\max_{R \subseteq N \setminus S}\{v(Q \cup R) - z(Q \cup R)\} = v(Q \cup R') - z(Q \cup R')$ を満たす $R' \subseteq N \setminus S$ をとる．$v^z(Q) - z(Q) \geq \alpha$ であるから，

$$v(Q \cup R') - z(Q \cup R') = \max_{R \subseteq N \setminus S}\{v(Q \cup R) - z(R)\} - z(Q) = v^z(Q) - z(Q) \geq \alpha$$

が成り立つ．ここで，$T' = Q \cup R'$ とすれば，$T' \in D^N(z, \alpha)$，$Q = T' \cap S$ となるので，$\{T \cap S \mid T \in D^N(z, \alpha), T \cap S \neq \emptyset, T \neq S\} \supseteq D^S(z_S, \alpha)$，よって，

$$\{T \cap S \mid T \in D^N(z, \alpha), T \cap S \neq \emptyset, T \neq S\} = D^S(z_S, \alpha)$$

を得る．さらに，$y' = (y_S, 0_{N \setminus S})$ とすると，$y_S \in D^S(z_S, \alpha)$ と任意の $Q \in D^N(z, \alpha)$ に対し，上の式から $Q \cap S \in D^S(z_S, \alpha)$ であることがわかる．よって $y'(Q) = y_S(Q \cap S) \geq 0$ が成り立つ．すなわち，$y'(N) = y_S(S) = 0$ かつ，$y(Q) \geq 0 \quad \forall Q \in D^N(z, \alpha)$ が成り立つことがわかる．

このとき，補題 3.2 の条件から $y'(Q) = 0 \quad \forall Q \in D^N(z, \alpha)$ が得られる．$Q \in D^N(z, \alpha)$ のとき，上の式より $Q \cap S \in D^S(z_S, \alpha)$ であるので，$y_S(Q \cap S) = 0 \quad \forall Q \cap S \in D^S(z_S, \alpha)$ を得る．補題 3.2 の条件が満たされたので，z_S はゲーム (S, v^z) のプレ仁となる． □

3.5 シャープレイ値の公理化

この節では，シャープレイ値の公理化を紹介する．シャープレイ値の公理化は次の Sobolev の縮小ゲーム整合性公理による公理化と，Hart and Mas-Colell の異なったタイプの縮小ゲーム整合性公理による公理化が知られている．シャープレイ値の公理化の分析のためには Hart and Mas-Colell [32] が提示したポテンシャルアプローチを利用することが非常に便利である．これは後者の公理化の分析に直接関係しているし，前者の公理化の証明にも活用することができる．

3.5.1 シャープレイ値のポテンシャル

すべてのゲームのクラス Γ^A に対し，ポテンシャル関数は次のように定義される．

定義 3.1. ポテンシャル関数

Γ^A から実数 $\mathbb{R}$ への関数 P において，P に対するプレイヤー $i \in N$ の限界貢献 $D^i P$ を，

$$D^i P(N, v) = P(N, v) - P(N \setminus \{i\}, v) \tag{3.1}$$

で定義する．ここで，$(N \setminus \{i\}, v)$ はゲーム (N, v) の部分ゲームであり，$P(\emptyset, v) = 0$ とする．このとき，P が，

$$\sum_{i \in N} D^i P(N, v) = v(N) \tag{3.2}$$

を満たすとき，ポテンシャル関数と呼ぶ．

補題 3.3. ポテンシャル関数は，

$$P(N, v) = \sum_{S \subseteq N} \frac{(|S| - 1)!(|N| - |S|)!}{|N|!} v(S)$$

で与えられる．

証明． ポテンシャルの条件式 (3.2) に限界貢献度の定義式 (3.1) を代入することにより，

$$P(N,v) = \frac{1}{|N|}\left(v(N) + \sum_{i \in N} P(N \setminus \{i\}, v)\right)$$

を得る．この式と $P(\emptyset, v) = 0$ から，すべての部分集合 $S \subseteq N$ について，(S, v) に対するポテンシャルが決定されるが，それが補題 3.3 の式を満たすことを帰納法で証明しよう．

$|N| = 1$ のとき，$P(N,v) = v(N) + P(\emptyset, v) = v(N)$ であるから補題の式を満たす．各 $i \in N$ に対し，$(N \setminus \{i\}, v)$ について補題の式が成り立つと仮定する．このとき，

$$\begin{aligned}
P(N,v) &= \frac{1}{|N|}\left(v(N) + \sum_{i \in N} P(N \setminus \{i\}, v)\right) \\
&= \frac{1}{|N|}\left(v(N) + \sum_{i \in N}\sum_{S \subseteq N \setminus \{i\}} \frac{(|S|-1)!(|N|-1-|S|)!}{(|N|-1)!} v(S)\right) \\
&= \frac{1}{|N|}\left(v(N) + \sum_{S \subset N}\sum_{i \in N \setminus S} \frac{(|S|-1)!(|N|-1-|S|)!}{(|N|-1)!} v(S)\right) \\
&= \frac{1}{|N|} v(N) + \sum_{S \subset N} \frac{(|S|-1)!(|N|-1-|S|)!(|N|-|S|)}{(|N|-1)!|N|} v(S) \\
&= \sum_{S \subseteq N} \frac{(|S|-1)!(|N|-|S|)!}{|N|!} v(S)
\end{aligned}$$

が得られる． □

定理 3.12. プレイヤー i のシャープレイ値 $\phi_i(N, v)$ に対し，

$$D^i P(N,v) = \phi_i(N,v)$$

が成り立つ．

証明. シャープレイ値の公理化の定理 1.13 において示されたように，任意のゲーム (N,v) は T 全員一致ゲーム (N, v_T) の線形結合 $v = \sum_{\emptyset \neq T \subseteq N} c_T v_T$ によって一意に表すことができる．ここで，ゲームから実数への関数 Q を次のように定義する．

$$Q(N, v) = \sum_{\emptyset \neq T \subseteq N} \frac{c_T}{|T|}, \quad Q(\emptyset, v) = 0.$$

このとき，

$$\sum_{i \in N} D^i Q(N, v) = \sum_{i \in N} \left(\sum_{\emptyset \neq T \subseteq N} \frac{c_T}{|T|} - \sum_{\emptyset \neq T \subseteq N \setminus \{i\}} \frac{c_T}{|T|} \right)$$
$$= \sum_{\emptyset \neq T \subseteq N} \sum_{i \in T} \frac{c_T}{|T|} = \sum_{\emptyset \neq T \subseteq N} c_T = v(N)$$

が成り立つ．ここで最後の等式は $v(N) = \sum_{\emptyset \neq T \subseteq N} c_T v_T(N) = \sum_{\emptyset \neq T \subseteq N} c_T$ より得られる．したがって Q もポテンシャル関数となるので補題 3.3 より $P = Q$ が成り立つ．よって，

$$D^i P(N, v) = D^i Q(N, v) = \sum_{i \in T} \frac{c_T}{|T|} = \phi_i(N, v)$$

が成り立つ．ここで，最後の等式は定理 1.13 の証明から得られる． □

このポテンシャル関数を用いると，次のシャープレイ値のもつ興味深い性質を示すことができる．すなわち，元のゲームからあるプレイヤー j が退出したときのプレイヤー i に対する影響は，元のゲームからプレイヤー i が退出したときのプレイヤー j に対する影響と等しい．すなわち，ゲームからプレイヤーが退出するときの他のプレイヤーに対する影響は互いに対称的である．

定理 3.13. 任意のプレイヤー $i, j \in N (i \neq j)$ に対し，

$$\phi_i(N, v) - \phi_i(N \setminus \{j\}, v) = \phi_j(N, v) - \phi_j(N \setminus \{i\}, v)$$

が成り立つ．

証明. シャープレイ値とポテンシャル関数との関係から，

$$\begin{aligned}\phi_i(N,v) - \phi_i(N\setminus\{j\},v) &= (P(N,v) - P(N\setminus\{i\},v)) \\ &\quad -(P(N\setminus\{j\},v) - P(N\setminus\{i,j\},v)) \\ &= P(N,v) - P(N\setminus\{i\},v) - P(N\setminus\{j\},v) \\ &\quad + P(N\setminus\{i,j\},v)\end{aligned}$$

となる．同様に，

$$\begin{aligned}&\phi_j(N,v) - \phi_j(N\setminus\{i\},v) \\ &= P(N,v) - P(N\setminus\{j\},v) - P(N\setminus\{i\},v) + P(N\setminus\{i,j\},v)\end{aligned}$$

となり，両辺は一致する． □

近年，このポテンシャル関数のアプローチを非協力ゲームに応用した研究が盛んとなっている．これに関しては Monderer and Shapley [49]，Ui [86] を参照していただきたい．

3.5.2 凸結合縮小ゲーム整合性による公理化

ここではシャープレイ値が凸結合縮小ゲーム整合性公理，戦略上同等な変換に関する不変性公理，対称性公理によって公理化されることを示す．すでに 1.10.3 で説明したようにシャープレイ値は公理的な方法により特徴付けられている．しかし整合性公理を用いて公理化することにより，他の解との差違を縮小ゲームの違いによって表現することができる．

Sobolev の示した縮小ゲームを提示しよう．この縮小ゲームは，1 人がゲームを離れる場合の縮小ゲームで表現する方がわかりやすい．$j \in N$ に対し，$x \in \mathbb{R}^N$ のとき，縮小ゲーム $(N\setminus\{j\}, v^x)$ は次のように与えられる．$S \subseteq N\setminus\{j\}$ に対し，

$$v^x(S) = \frac{s}{n-1}(v(S\cup\{j\}) - x_j) + \frac{n-1-s}{n-1}v(S).$$

ここで，$n = |N|$，$s = |S|$ とする．この Sobolev による縮小ゲームはプロジェ

クション縮小ゲームとコンプリメント縮小ゲームの凸結合で与えられているので，凸結合縮小ゲームと呼ぶことにする．これは縮小ゲームにおいて，ゲームを離れるプレイヤー j から協力を得る際，縮小後の全体提携に占めるその提携の大きさ $\dfrac{s}{n-1}$ の確率でコンプリメントタイプの協力が得られ，残りの確率でプロジェクションタイプの協力，すなわち，協力が得られないことを示している．この凸結合縮小ゲームによる整合性公理のことを凸結合縮小ゲーム整合性と呼ぶことがある．

はじめに，シャープレイ値が凸結合縮小ゲーム整合性を満たすことを示す．そのためにはポテンシャル関数を用いるのが有効である．

定理 3.14. シャープレイ値は凸結合縮小ゲーム整合性公理を満たす．

証明. $j \in N$, $i \in N \setminus \{j\}$ とし，$x = \phi(N, v)$ とする．ゲーム $(N \setminus \{j\}, v^x)$ とゲーム $(N \setminus \{i, j\}, v^x)$ のポテンシャルを計算しよう．$n = |N|$, $s = |S|$ とする．まず，

$$\begin{aligned}
P(N \setminus \{j\}, v^x) &= \sum_{S \subseteq N \setminus \{j\}} \frac{(s-1)!(n-s-1)!}{(n-1)!} v^x(S) \\
&= \sum_{S \subseteq N \setminus \{j\}} \frac{(s-1)!(n-s-1)!}{(n-1)!} \left(\frac{s}{n-1}(v(S \cup \{j\}) - x_j) \right. \\
&\quad \left. + \frac{n-s-1}{n-1} v(S) \right) \\
&= \sum_{S \subseteq N \setminus \{j\}} \frac{(s-1)!(n-s-1)!}{(n-1)!} \left(\frac{s}{n-1}(v(S \cup \{j\}) \right. \\
&\quad \left. - v(S) - x_j) + v(S) \right) \\
&= \sum_{S \subseteq N \setminus \{j\}} \frac{s!(n-s-1)!}{(n-1)!(n-1)} (v(S \cup \{j\}) - v(S) - x_j) \\
&\quad + \sum_{S \subseteq N \setminus \{j\}} \frac{(s-1)!(n-s-1)!}{(n-1)!} v(S) \\
&= \frac{n}{n-1} \sum_{S \subseteq N \setminus \{j\}} \frac{s!(n-s-1)!}{n!} (v(S \cup \{j\}) - v(S))
\end{aligned}$$

$$-\frac{n}{n-1}\sum_{S\subseteq N\setminus\{j\}}\frac{s!(n-s-1)!}{n!}x_j + P(N\setminus\{j\},v)$$

$$=\frac{n}{n-1}\phi_j(N,v)-\frac{n}{n-1}x_j + P(N\setminus\{j\},v)$$

$$=P(N\setminus\{j\},v)$$

が成り立つ．ここで，$\sum_{S\subseteq N\setminus\{j\}}\frac{s!(n-s-1)!}{n!}=1$ を用いている．さらに，

$$P(N\setminus\{i,j\},v^x) = \sum_{S\subseteq N\setminus\{i,j\}}\frac{(s-1)!(n-s-2)!}{(n-2)!}v^x(S)$$

$$=\sum_{S\subseteq N\setminus\{i,j\}}\frac{(s-1)!(n-s-2)!}{(n-2)!}\left(\frac{s}{n-1}(v(S\cup\{j\})-x_j)\right.$$

$$\left.+\frac{n-s-1}{n-1}v(S)\right)$$

$$=\sum_{S\subseteq N\setminus\{i,j\}}\frac{(s-1)!(n-s-2)!}{(n-2)!}\left(\frac{s}{n-1}(v(S\cup\{j\})\right.$$

$$\left.-v(S)-x_j)+v(S)\right)$$

$$=\sum_{S\subseteq N\setminus\{i,j\}}\frac{s!(n-s-2)!}{(n-1)!}(v(S\cup\{j\})-v(S)-x_j)$$

$$+\sum_{S\subseteq N\setminus\{i,j\}}\frac{(s-1)!(n-s-2)!}{(n-2)!}v(S)$$

$$=\sum_{S\subseteq (N\setminus\{i\})\setminus\{j\}}\frac{s!(n-s-2)!}{(n-1)!}(v(S\cup\{j\})-v(S))$$

$$-\sum_{S\subseteq N\setminus\{i,j\}}\frac{s!(n-s-2)!}{(n-1)!}x_j + P(N\setminus\{i,j\},v)$$

$$=\phi_j(N\setminus\{i\},v)-\phi_j(N,v)+P(N\setminus\{i,j\},v)$$

$$=(P(N\setminus\{i\},v)-P(N\setminus\{i,j\},v))$$

$$-(P(N,v)-P(N\setminus\{j\},v))+P(N\setminus\{i,j\},v)$$

$$=P(N\setminus\{i\},v)-P(N,v)+P(N\setminus\{j\},v)$$

を得る．ここで，定理 3.12 より下から 2 行目の等式が導かれる．また，$\sum_{S\subseteq N\setminus\{i,j\}}\frac{s!(n-s-2)!}{(n-1)!}=1$ を用いている．

証明された 2 つの関係式と定理 3.12 から，

$$\phi_i(N \setminus \{j\}, v^x) = P(N \setminus \{j\}, v^x) - P(N \setminus \{i,j\}, v^x)$$
$$= P(N \setminus \{j\}, v) - P(N \setminus \{i\}, v) + P(N, v)$$
$$- P(N \setminus \{j\}, v)$$
$$= P(N, v) - P(N \setminus \{i\}, v) = \phi_i(N, v)$$

が成り立つ． □

定理 3.15. (Sobolev [78]) Γ^A において，シャープレイ値は全体合理性公理，一点解公理，戦略上同等な変換に関する不変性公理，対称性公理，凸結合縮小ゲーム整合性公理を満たす唯一の解である．

証明．シャープレイ値が全体合理性公理，一点解公理，戦略上同等な変換に関する不変性公理，対称性公理，を満たすこと，および，凸結合縮小ゲーム整合性公理を満たすことはすでに示されている．そこで一意性を証明する．

σ を 5 つの公理を満たす解であるとする．このとき，$\sigma = \phi$ を示す．
$|N| = 1$ のとき全体合理性より $N = \{i\}$ に対し，$\sigma_i(N, v) = v(N) = \phi_i(N, v)$ である．$|N| = 2$ のとき，σ も ϕ も 2 人ゲームの標準解になるから両者は一致する．$|N| = n \geq 3$ とし，帰納法により $\sigma(N, v) = \phi(N, v)$ を示そう．

任意の $n - 1$ 人ゲーム (N', v), $(|N'| = n - 1, n \geq 3)$ に対して $\sigma(N', v) = \phi(N', v)$ が成り立つと仮定する．

$x = \sigma(N, v), y = \phi(N, v)$ とする．また，$i, j \in N$ $(i \neq j)$ をとり，凸結合縮小ゲーム $(N \setminus \{j\}, v^x), (N \setminus \{j\}, v^y)$ を考える．両方の解が縮小ゲーム整合性公理を満たすので，帰納法の仮定より，

$$x_i - y_i = \sigma_i(N \setminus \{j\}, v^x) - \phi_i(N \setminus \{j\}, v^y)$$
$$= \phi_i(N \setminus \{j\}, v^x) - \phi_i(N \setminus \{j\}, v^y)$$
$$= \phi_i(N \setminus \{j\}, v^x - v^y)$$

が成り立つ．

凸結合縮小ゲームの定義より $(v^x - v^y)(S) = \dfrac{|S|(-x_j + y_j)}{n-1}$ $\forall S \subseteq N$ が成り立つので，$\phi_i(N \setminus \{j\}, v^x - v^y) = \dfrac{-x_j + y_j}{n-1}$ が得られる．よって，すべての $i \in N \setminus \{j\}$ に対して，$x_i - y_i = \dfrac{-x_j + y_j}{n-1}$ が成り立つ．この両辺を各 $j \in N \setminus \{i\}$ について足し合わせると，全体合理性より，

$$(n-1)(x_i - y_i) = \sum_{j \in N \setminus \{i\}} \dfrac{-x_j + y_j}{n-1} = \dfrac{-v(N) + x_i + v(N) - y_i}{n-1} = \dfrac{x_i - y_i}{n-1}$$

を得る．したがって，任意の i について $\dfrac{n(n-2)}{n-1}(x_i - y_i) = 0$ が成立するので，$n \geq 3$ より $x_i = y_i$ である．したがって $x = y$ すなわち，$\sigma(N,v) = \phi(N,v)$ が成り立つ． □

3.5.3 σ 縮小ゲーム整合性による公理化

Hart and Mas-Colell は次のようなまったく別タイプの縮小ゲームと縮小ゲーム整合性を考察した．

ゲーム (N,v) と 1 点解 $\sigma(N,v)$ を考える．N の中の一部のメンバー S からなる縮小ゲームを考えたとき，その縮小ゲームにおける提携 $T \subseteq S$ は，必ず，ゲームを離れるメンバー $N \setminus S$ の協力を得ることができ，その見返りとして，$N \setminus S$ は解 $\sigma(Q,v)$, $Q = T \cup (N \setminus S)$ に基づく利得を得るものとする．すなわち，T が，ゲームを離れるメンバー $N \setminus S$ に協力を要請するとき，部分ゲーム $(Q,v) = (T \cup (N \setminus S), v)$ に基づく解 $\sigma(Q,v)$ による利得を与えることで $N \setminus S$ の協力が得られると考えている．したがって，残った利得 $v(Q) - \sum_{j \in N \setminus S} \sigma_j(Q,v)$ が縮小ゲームにおける提携 T の提携値となる．これを縮小ゲームとして表現しよう．

定義 3.2. σ 縮小ゲーム

あるゲーム (N,v) とゲームの 1 点解 σ に対し，N のある部分集合 S ($S \neq \emptyset$) を考える．このとき，(S への) σ 縮小ゲーム (S, v^σ) を次のように定義しよう．

3.5 シャープレイ値の公理化

$$v^\sigma(T) = v(T\cup(N\setminus S)) - \sum_{j\in N\setminus S}\sigma_j(T\cup(N\setminus S), v), \text{ for } T\subseteq S,\ v^\sigma(\emptyset) = 0.$$

このような σ 縮小ゲームにおける整合性公理は次のように与えられる．

σ 縮小ゲーム整合性公理

σ をゲームの 1 点解とする．もし，$(N,v)\in\Gamma$ ならば，すべての $S\subset N$ に対し，

$$(S, v^\sigma)\in\Gamma,\quad \sigma_i(N,v) = \sigma_i(S, v^\sigma)\quad \forall i\in S.$$

この節の目的はシャープレイ値がこのタイプの整合性公理により公理化されることを証明することである．そのためにまず，シャープレイ値が σ 縮小ゲーム整合性公理を満たすことを示そう．

定理 3.16. (Hart and Mas-Collel [32]) Γ^A において，シャープレイ値 ϕ は σ 縮小ゲーム整合性公理を満たす．

証明． 任意のゲーム $(N,v)\in\Gamma^A$ は R 全員一致ゲーム (N,v_R) の線形結合 $v = \sum_{\emptyset\neq R\subseteq N} c_R v_R$ によって一意に表すことができる．はじめに，各 (N, v_R) が σ 縮小整合性を満たすことを示す．

$S\subset N$ をとる．もし $R\cap S = \emptyset$ ならば，任意の $T\subseteq S$ に対し，$R\subseteq N\setminus S$ であるから，

$$(v_R)^\phi(T) = v_R(T\cup(N\setminus S)) - \sum_{j\in N\setminus S}\phi_j(T\cup(N\setminus S), v_R) = 1 - \sum_{j\in R}\frac{1}{|R|} = 0$$

が成り立つ．ゆえに，

$$\phi_i(N, v_R) = 0 = \phi_i(S, (v_R)^\phi)\quad \forall i\in S$$

が成り立つ.

$R \cap S \neq \emptyset$ のケースを考える.このとき,$S \cap R \subseteq T$ であれば,
$$(v_R)^\phi(T) = v_R(T \cup (N \setminus S)) - \sum_{j \in N \setminus S} \phi_j(T \cup (N \setminus S), v_R)$$
$$= 1 - \sum_{j \in R \setminus S} \frac{1}{|R|} = 1 - \frac{|R \setminus S|}{|R|} = \frac{|R \cap S|}{|R|}$$

が成り立ち,$S \cap R \subseteq T$ でなければ,$(v_R)^\phi(T) = 0$ が成り立つ.よって,$i \in S \cap R$ のとき,それらのプレイヤーの $(v_R)^\phi$ における対称性と $(v_R)^\phi(R \cap S) = \frac{|R \cap S|}{|R|}$ より,$\phi_i(N, v_R) = \frac{1}{|R|} = \phi_i(S, (v_R)^\phi)$ が成り立ち,$i \in S \setminus R$ のとき,$\phi_i(N, v_R) = 0 = \phi_i(S, (v_R)^\phi)$ が成り立つ.したがって,R 全員一致ゲーム (N, v_R) について,σ 縮小ゲーム整合性が成り立つ.

次に,一般の $v = \sum_{\emptyset \neq R \subseteq N} c_R v_R$ について示そう.まず,任意の $S \subset N$ をとり ϕ 縮小ゲーム (S, v^ϕ) を考え,$T \subseteq S$ とする.このとき,

$$v^\phi(T) = v(T \cup (N \setminus S)) - \sum_{j \in N \setminus S} \phi_j(T \cup (N \setminus S), v)$$
$$= \sum_{j \in T} \phi_j(T \cup (N \setminus S), v)$$
$$= \sum_{j \in T} \phi_j(T \cup (N \setminus S), \sum_{\emptyset \neq R \subseteq N} c_R v_R)$$
$$= \sum_{j \in T} \sum_{\emptyset \neq R \subseteq N} c_R \, \phi_j(T \cup (N \setminus S), v_R)$$
$$= \sum_{j \in T} \sum_{\emptyset \neq R \subseteq T \cup (N \setminus S)} c_R \, \phi_j(T \cup (N \setminus S), v_R)$$
$$= \sum_{\emptyset \neq R \subseteq T \cup (N \setminus S)} c_R \sum_{j \in T} \phi_j(T \cup (N \setminus S), v_R)$$
$$= \sum_{\emptyset \neq R \subseteq T \cup (N \setminus S)} c_R (v_R)^\phi(T)$$
$$= \sum_{R \cap S \neq \emptyset} c_R (v_R)^\phi(T)$$

が成り立つ.ここで,最後の等式は $S \cap R = \emptyset$ かつ $\emptyset \neq R \subseteq T \cup (N \setminus S)$ の

とき，$(v_R)^\phi(T) = 0$ であることから得られる．さらに，v_R が σ 縮小ゲーム整合性を満たすので，任意の $i \in S$ に対し，

$$\phi_i(N, v) = \sum_{\emptyset \neq R \subseteq N} c_R\, \phi_i(N, v_R) = \sum_{\emptyset \neq R \subseteq N} c_R\, \phi_i(S, (v_R)^\phi)$$

$$= \sum_{\emptyset \neq R \subseteq N} \phi_i(S, c_R(v_R)^\phi) = \phi_i\left(S, \sum_{\emptyset \neq R \subseteq N} c_R(v_R)^\phi\right)$$

$$= \phi_i\left(S, \sum_{R \cap S \neq \emptyset} c_R(v_R)^\phi\right) = \phi_i(S, v^\phi)$$

が成り立つ．ここで，$R \cap S = \emptyset$ のとき，$\phi_i(S, (v_R)^\phi) = 0$ であることを用いている． □

定理 3.17. (Hart and Mas-Collel [32]) Γ^A において，シャープレイ値は全体合理性公理，1点解公理，戦略上同等な変換に関する不変性公理，対称性公理，σ 縮小ゲーム整合性公理を満たす唯一の解である．

証明. シャープレイ値 ϕ は全体合理性公理，1点解公理，戦略上同等な変換に関する不変性公理，対称性公理を満たす．また，定理 3.16 において σ 縮小ゲーム整合性公理を満たすことも示された．したがって，一意性を満たすことを示せばよい．この証明は定理 3.15 の証明に類似している．

σ を5つの公理を満たす解であるとする．帰納法を用いて $\sigma = \phi$ を示す．

$|N| = 1$ すなわち $N = \{i\}$ のとき，$\sigma_i(N, v) = v(N) = \phi_i(N, v)$ である．$|N| = 2$ のとき，σ も ϕ も2人ゲームの標準解になるから両者は一致する．$|N| = n \geq 3$ とする．$|S| = 2$ である $S \subset N$ に対し，σ と ϕ が σ 縮小ゲーム整合性公理を満たすことから，

$$\sigma_i(N, v) = \sigma_i(S, v^\sigma), \quad \phi_i(N, v) = \phi_i(S, v^\phi) \quad \forall i \in S, \tag{3.3}$$

が成り立つ．$S = \{i, j\}$ であるとする．このとき，$v^\sigma(\{i\})$ と $v^\phi(\{i\})$ は部分ゲーム $(N \setminus \{j\}, v)$ の解 σ, ϕ によって定まる．しかし，帰納法の仮定よりこの部分ゲームにおいて2つの解は一致するから，$v^\sigma(\{i\}) = v^\phi(\{i\})$ である．同

様に $v^\sigma(\{j\}) = v^\phi(\{j\})$ を得る．

2 人ゲーム $(S, v^\sigma), (S, v^\phi)$ において σ も ϕ も 2 人標準解に一致するので，

$$\begin{aligned}\sigma_i(S, v^\sigma) - \sigma_j(S, v^\sigma) &= v^\sigma(\{i\}) - v^\sigma(\{j\}) \\ &= v^\phi(\{i\}) - v^\phi(\{j\}) \\ &= \phi_i(S, v^\phi) - \phi_j(S, v^\phi)\end{aligned}$$

を得る．よって，(3.3) 式より，すべての $i, j \in N$ に対し，

$$\begin{aligned}\sigma_i(N, v) - \sigma_j(N, v) &= \sigma_i(S, v^\sigma) - \sigma_j(S, v^\sigma) \\ &= \phi_i(S, v^\phi) - \phi_j(S, v^\phi) \\ &= \phi_i(N, v) - \phi_j(N, v)\end{aligned}$$

を得る．両辺において $j \in N \setminus \{i\}$ に関して和をとると $(n-1)\sigma_i(N,v) - \sum_{j \in N \setminus \{i\}} \sigma_j(N,v) = (n-1)\phi_i(N,v) - \sum_{j \in N \setminus \{i\}} \phi_j(N,v)$ となり，全体合理性から $\phi_i(N,v) = \sigma_i(N,v)$ $\forall i \in N$ を得る． □

このようにして，σ 縮小ゲーム整合性公理による公理化の定理を証明することができたが，実はポテンシャル関数を用いて別証明をすることもできる．それを紹介することにしよう．

定理 3.16 の別証明． はじめに，ポテンシャル関数の性質から $T \subseteq S$ に対し，

$$\begin{aligned}v^\phi(T) &= v(T \cup (N \setminus S)) - \sum_{j \in N \setminus S} \phi_j(T \cup (N \setminus S), v) \\ &= \sum_{i \in T} \phi_i(T \cup (N \setminus S), v) \\ &= \sum_{i \in T} \Big(P(T \cup (N \setminus S), v) - P((T \cup (N \setminus S)) \setminus \{i\}, v) \Big) \\ &= |T| P(T \cup (N \setminus S), v) - \sum_{i \in T} P((T \cup (N \setminus S)) \setminus \{i\}, v)\end{aligned}$$

が成り立つ．このとき，$T \subseteq S$ に対し，

$$P(T, v^\phi) = P(T \cup (N \setminus S), v) - P(N \setminus S, v) \tag{3.4}$$

が成り立つことを提携 T の人数に関する帰納法で示そう．まず，$T = \{i\}$ とすると $P(\emptyset, v) = 0$ より，

$$\begin{aligned} P(\{i\}, v^\phi) &= \phi(\{i\}, v^\phi) = v^\phi(\{i\}) \\ &= v(\{i\} \cup (N \setminus S)) - \sum_{j \in N \setminus S} \phi_j(\{i\} \cup (N \setminus S), v) \\ &= \phi_i(\{i\} \cup (N \setminus S), v) = P(\{i\} \cup (N \setminus S), v) - P(N \setminus S, v) \end{aligned}$$

が成り立つ．続いて，$|T| - 1$ 人提携 $T \setminus \{i\}$ ($i \in T$) に対して (3.4) が成立すると仮定して，提携 T に対して (3.4) が成り立つことを導く．ポテンシャル関数の性質から部分ゲーム (T, v^ϕ) において，

$$\begin{aligned} v^\phi(T) &= \sum_{i \in T} \phi_i(T, v^\phi) = \sum_{i \in T} D^i P(T, v^\phi) \\ &= \sum_{i \in T} (P(T, v^\phi) - P(T \setminus \{i\}, v^\phi)) \\ &= \sum_{i \in T} \Big(P(T, v^\phi) - P((T \setminus \{i\}) \cup (N \setminus S), v) + P(N \setminus S, v) \Big) \\ &= |T| P(T, v^\phi) - \sum_{i \in T} P((T \cup (N \setminus S)) \setminus \{i\}, v) + |T| P(N \setminus S, v). \end{aligned}$$

この証明のはじめに求めた $v^\phi(T)$ の式と比較することにより，

$$|T| P(T, v^\phi) = |T| P(T \cup (N \setminus S), v) - |T| P(N \setminus S, v)$$

を得る．この式の両辺を $|T|$ で割れば (3.4) が得られる．これで σ 縮小ゲーム整合性を証明する準備が整った．$i \in S$ に対して，

$$\begin{aligned} \phi_i(S, v^\phi) &= P(S, v^\phi) - P(S \setminus \{i\}, v^\phi) \\ &= P(N, v) - P(N \setminus S, v) - P(N \setminus \{i\}, v) + P(N \setminus S, v) \\ &= P(N, v) - P(N \setminus \{i\}, v) = \phi_i(N, v) \end{aligned}$$

すなわち縮小ゲーム整合性が成り立つことが示された． □

定理 **3.17** の別証明. σ を 5 つの公理を満たす解であるとする. 1 人ゲームと 2 人ゲームで σ とシャープレイ値 ϕ が一致する証明は同じである. 解 σ に対してすべてのゲームに対する実数値関数 Q を次の方法で帰納的に定義する. 2 人以下のゲームに対しては,

$$Q(\emptyset, v) = 0, \ Q(\{i\}, v) = v(\{i\}),$$
$$Q(\{i,j\}, v) = \frac{1}{2}(v(\{i\}) + v(\{j\}) + v(\{i,j\})) \ \ (i \neq j),$$

で定義する. $|N| = n \geq 3$ において, すべての $n-1$ 人ゲームに対して Q が定義されているとき適当な $i \in N$ に関して,

$$Q(N, v) = Q(N \setminus \{i\}, v) + \sigma_i(N, v) \tag{3.5}$$

とする. この定義が可能となるためには, すべての $i \in N$ に対して $Q(N \setminus \{i\}, v) + \sigma_i(N, v)$ が同じ値でなければならない. それを帰納的に証明しよう. 2 人ゲーム $(\{i,j\}, v)$ に関しては上の定義と $\sigma_i(\{i,j\}, v) = v(\{i\}) + \frac{1}{2}(v(\{i,j\}) - v(\{i\}) - v(\{j\}))$ より,

$$Q(\{i,j\}, v) = \sigma_i(\{i,j\}, v) + v(\{j\}) = \sigma_i(\{i,j\}, v) + Q(\{j\}, v)$$

が成り立つ. 同様に,

$$Q(\{i,j\}, v) = \sigma_j(\{i,j\}, v) + Q(\{i\}, v)$$

が成り立つ. すべての $n-1$ 人ゲーム ($n \geq 3$) に対して上記の式が成立しているとする. 任意の $i, j \in N$, $i \neq j$ をとる. さらに, $k \in N \setminus \{i,j\}$ をとり, 縮小ゲーム $(N \setminus \{k\}, v^\sigma)$ に対する整合性を考える.

$$\begin{aligned}
\sigma_i(N, v) - \sigma_j(N, v) &= \sigma_i(N \setminus \{k\}, v^\sigma) - \sigma_j(N \setminus \{k\}, v^\sigma) \\
&= (Q(N \setminus \{k\}, v^\sigma) - Q(N \setminus \{i,k\}, v^\sigma)) \\
&\quad - (Q(N \setminus \{k\}, v^\sigma) - Q(N \setminus \{j,k\}, v^\sigma)) \\
&= -Q(N \setminus \{i,k\}, v^\sigma) + Q(N \setminus \{j,k\}, v^\sigma) \\
&= -(Q(N \setminus \{i,j,k\}, v^\sigma) + \sigma_j(N \setminus \{i,k\}, v^\sigma))
\end{aligned}$$

$$+(Q(N\setminus\{i,j,k\},v^\sigma)+\sigma_i(N\setminus\{j,k\},v^\sigma))$$
$$=-\sigma_j(N\setminus\{i,k\},v^\sigma)+\sigma_i(N\setminus\{j,k\},v^\sigma)$$
$$=-\sigma_j(N\setminus\{i\},v)+\sigma_i(N\setminus\{j\},v)$$
$$=-(Q(N\setminus\{i\},v)-Q(N\setminus\{i,j\},v))$$
$$+(Q(N\setminus\{j\},v)-Q(N\setminus\{i,j\},v))$$
$$=-Q(N\setminus\{i\},v)+Q(N\setminus\{j\},v)$$

を得，$Q(N\setminus\{i\},v)+\sigma_i(N,v)$ が一定値であることがわかる．この証明では (3.5) を $n-1$ 人ゲームにおいて 2 回用いている．また，σ 縮小ゲーム整合性公理も用いている．

このように Q を定義すると，σ が全体合理性を満たすことから，

$$\sum_{i\in N}(Q(N,v)-Q(N\setminus\{i\},v))=\sum_{i\in N}\sigma_i(N,v)=v(N)$$

であるので，Q はポテンシャル関数となり，ポテンシャル関数の一意性から P と一致し，$\sigma(N,v)$ はシャープレイ値となる． □

3.6 その他の解の公理化

以上のように解の公理化を吟味すると，1 点解公理，戦略上同等な変換に関する不変性公理，対称性公理（または無名性公理），および，整合性公理によってさまざまな異なる 1 点解が公理化されることがわかる．このような公理化として，マックス縮小ゲームによる縮小ゲーム整合性に対応するのはプレ仁であり，凸結合縮小ゲーム，σ 縮小ゲームに対応するのはシャープレイ値であった．他の 2 つの縮小ゲーム，コンプリメント縮小ゲームとプロジェクション縮小ゲームに対応するのはどのような解であろうか．そこで，それらの公理に対応する 2 つの 1 点解を提示し，その公理化を与える．

定義 3.3. CIS 値

ゲーム (N,v) の CIS 値 $CIS(N,v)$ は次の式で与えられる.

$$CIS_i(N,v) = \frac{1}{|N|}\left(v(N) - \sum_{j\in N} v(\{j\})\right) + v(\{i\}) \quad \forall i \in N.$$

CIS 値は配分集合の重心を示す 1 点解であり，各プレイヤーが自分の提携値 $v(i)$ を基本的に獲得すると考え，残った全体提携値を全員で均等に分配した値である．CIS 値は明らかに，全体合理性，戦略上同等な変換に関する不変性，対称性を満たす．残った全体提携値 $v(N) - \sum_{j\in N} v(\{j\})$ が非負であれば，個人合理性も満たす．

定理 3.18. Γ^A において，CIS 値は全体合理性公理，1 点解公理，戦略上同等な変換に関する不変性公理，対称性公理，プロジェクション縮小ゲーム整合性公理を満たす唯一の解である．

証明．CIS 値が整合性公理以外を満たすのは明らかであるので，1 人がゲームを離れる場合の縮小ゲームに関するプロジェクション縮小ゲーム整合性公理について CIS 値がその公理を満たすことを証明する．

$|N| = n \geq 2$ のとき，$j \in N$, $i \in N \setminus \{j\}$, $x = CIS(N,v)$ に対して，

$$\begin{aligned}
CIS_i(N\setminus\{j\}, v^x) &= \frac{1}{n-1}\left(v^x(N\setminus\{j\}) - \sum_{k\in N\setminus\{j\}} v^x(\{k\})\right) + v^x(\{i\}) \\
&= \frac{1}{n-1}\left((v(N) - x_j) - \sum_{k\in N\setminus\{j\}} v(\{k\})\right) + v(\{i\}) \\
&= \frac{1}{n-1}\left(v(N) - \frac{1}{n}\left(v(N) - \sum_{k\in N} v(\{k\})\right) - v(\{j\})\right.\\
&\quad\left. - \sum_{k\in N\setminus\{j\}} v(\{k\})\right) + v(\{i\}) \\
&= \frac{1}{n-1}\left(\frac{n-1}{n}\left(v(N) - \sum_{k\in N} v(\{k\})\right)\right) + v(\{i\})
\end{aligned}$$

$$= CIS_i(N, v)$$

が成り立ち，プロジェクション縮小ゲーム整合性を満たす．この証明を何度も適用すれば多人数が離脱するケースにおいて CIS 値がプロジェクション縮小ゲーム整合性公理を満たすことを証明することができる．

続いて一意性を証明しよう．$|N| = 1$, $|N| = 2$ のときの証明は定理 3.17 等と同じである．ここで $|N| = 2$ のとき CIS 値は 2 人ゲーム標準解と一致することに注意する．σ を 5 つの公理を満たす解とし，$|N| = n \geq 3$, $x = \sigma(N, v)$ とする．さらに，$i, j \in N$ $(i \neq j)$ を固定し，プロジェクション縮小ゲーム $(\{i, j\}, v^x)$ を考える．縮小ゲーム整合性公理から，

$$\sigma_i(N, v) - \sigma_j(N, v) = \sigma_i(\{i, j\}, v^x) - \sigma_j(\{i, j,\}, v^x),$$

が成り立つ．$(\{i, j\}, v^x)$ は 2 人ゲームであり，σ は標準解となるので

$$\sigma_i(\{i, j\}, v^x) - \sigma_j(\{i, j,\}, v^x) = v^x(\{i\}) - v^x(\{j\}) = v(\{i\}) - v(\{j\})$$

となる．一方，簡単な計算より $CIS_i(N, v) - CIS_j(N, v) = v(\{i\}) - v(\{j\})$ であるから，$\sigma_i(N, v) - \sigma_j(N, v) = CIS_i(N, v) - CIS_j(N, v)$ を得る．これが，すべての $i, j \in N$ について成り立つので全体合理性より $\sigma(N, v) = CIS(N, v)$ を得る． □

次にコンプリメント縮小ゲーム整合性公理により公理化される解を提示する．

定義 3.4. ENSC 値

ゲーム (N, v) の ENSC 値 $ENSC(N, v)$ は次の式で与えられる．

$$ENSC_i(N, v) = \frac{1}{|N|} \left(v(N) - \sum_{j \in N} (v(N) - v(N \setminus \{j\})) \right)$$
$$+ v(N) - v(N \setminus \{i\}) \quad \forall i \in N.$$

$v(N) - v(N \setminus \{i\})$ はプレイヤー i の全体提携に対する限界貢献度である．ENSC 値は各プレイヤーは基本的にこの限界貢献度を獲得できると考え，残った全体提携値を全員で均等に分配した値である．ENSC 値は明らかに，全

体合理性，戦略上同等な変換に関する不変性，対称性を満たすが，個人合理性を満たすとは限らない．しかし $v(N) - \sum_{j \in N}(v(N) - v(N \setminus \{j\})) \leq 0$ のとき，双対個人合理性を満たす．

定理 3.19. Γ^A において，ENSC 値は全体合理性公理，1 点解公理，戦略上同等な変換に関する不変性公理，対称性公理，コンプリメント縮小ゲーム整合性公理を満たす唯一の解である．

証明． ENSC 値が整合性公理以外を満たすのは明らかであるので，1 人がゲームを離れる場合の縮小ゲームに関するコンプリメント縮小ゲーム整合性公理について ENSC 値がその公理を満たすことを証明する．

$|N| = n \geq 2$ のとき，$j \in N, i \in N \setminus \{j\}, x = ENSC(N,v)$ に対して，

$ENSC_i(N \setminus \{j\}, v^x)$

$$= \frac{1}{n-1}\left(v^x(N \setminus \{j\}) - \sum_{k \in N \setminus \{j\}}(v^x(N \setminus \{j\}) - v^x(N \setminus \{j,k\}))\right)$$

$$+ v^x(N \setminus \{j\}) - v^x(N \setminus \{i,j\})$$

$$= \frac{1}{n-1}\left((v(N) - x_j) - \sum_{k \in N \setminus \{j\}}(v(N) - v(N \setminus \{k\}))\right)$$

$$+ v(N) - v(N \setminus \{i\})$$

$$= \frac{1}{n-1}\left[v(N) - \frac{1}{n}\left(v(N) - \sum_{k \in N}(v(N) - v(N \setminus \{k\}))\right)\right.$$

$$\left. - (v(N) - v(N \setminus \{j\})) - \sum_{k \in N \setminus \{j\}}(v(N) - v(N \setminus \{k\}))\right]$$

$$+ v(N) - v(N \setminus \{i\})$$

$$= \frac{1}{n-1}\left(\frac{n-1}{n}\left(v(N) - \sum_{k \in N}(v(N) - v(N \setminus \{k\}))\right)\right)$$

$$+ v(N) - v(N \setminus \{i\}) = ENSC_i(N,v)$$

が成り立ち，コンプリメント縮小ゲーム整合性公理を満たす．この証明を何度も適用すれば多人数が離脱するケースのコンプリメント縮小ゲーム整合性公理を証明することができる．

続いて一意性を証明する．$|N| = 2$ のとき ENSC 値は 2 人ゲームの標準解と一致するので，$|N| = 1, 2$ のときの証明は定理 3.17 と同じである．σ を 5 つの公理を満たす解とし，$|N| = n \geq 3$, $x = \sigma(N, v)$ とする．さらに，$i, j \in N$ ($i \neq j$) を固定し，コンプリメント縮小ゲーム $(\{i, j\}, v^x)$ を考える．縮小ゲーム整合性公理から，

$$\sigma_i(N, v) - \sigma_j(N, v) = \sigma_i(\{i,j\}, v^x) - \sigma_j(\{i,j\}, v^x)$$

が成り立つ．$(\{i, j\}, v^x)$ は 2 人ゲームであり，σ は標準解となるので，

$$\sigma_i(\{i,j\}, v^x) - \sigma_j(\{i,j\}, v^x) = v^x(\{i\}) - v^x(\{j\}) = v(N \setminus \{j\}) - v(N \setminus \{i\})$$

となる．一方，簡単な計算より $ENSC_i(N, v) - ENSC_j(N, v) = v(N \setminus \{j\}) - v(N \setminus \{i\})$ であるから，$\sigma_i(N, v) - \sigma_j(N, v) = ENSC_i(N, v) - ENSC_j(N, v)$ を得る．これが，すべての $i, j \in N$ について成り立つので全体合理性より $\sigma(N, v) = ENSC(N, v)$ を得る． □

このように，整合性公理以外の 4 つの公理が導く 2 人ゲームの標準解を 3 人以上に拡張して得られるシャープレイ値，CIS 値，ENSC 値，プレ仁が，縮小ゲームの違いによって完全に特徴付けられることを示した．

3.7 NTU ゲームにおけるコアの公理化

整合性公理によるコアの公理化は NTU ゲームのクラスに拡張することもできる．この節ではそれを紹介する．第 2 章で与えられた NTU ゲーム (N, V) の定式化においては，$S \subseteq N$ に対し，特性関数 $V(S)$ はすべて $|N|$ 次元ユークリッド空間 $\mathbb{R}^N$ の部分集合として表されていたが，この節では $V(S)$ を $|S|$ 次元ユークリッド空間 $\mathbb{R}^S$ の $|S|$ 次元部分集合として表現する．これらは数学的な記述法は異なっているが，本質的に同じ状況，同じ解概念を表すことがで

きる．この節では $V(S)$ に関して，以下の仮定をおく．ただし，$\partial V(S)$ は集合 $V(S)$ の空間 $\mathbb{R}^S$ における境界を表している[7]．

(1) $V(S)$ は非空な閉集合であり，$V(\emptyset) = \emptyset$ である．
(2) $V(S)$ は包括性 (comprehensiveness) を満たす．すなわち，$a \in V(S)$, $b \leq a$ ならば $b \in V(S)$ である．
(3) $V(S)$ は非水平性 (non-levelness) を満たす．すなわち，$x, y \in \partial V(S)$ かつ $x \leq y$ ならば $x = y$ である．
(4) $V(S) \cap \{y_S \in \mathbb{R}^S \mid x_S \leq y_S\}$ がすべての $x_S \in \mathbb{R}^S$ に対して有界である．

(1)，(2) は第 2 章の仮定と同じである．(3) は，$V(S)$ の境界に水平面がないという仮定であり，(4) はすべての点 x_S に対し，その上方部分と $V(S)$ の共通部分が有界であることを示しており，この NTU ゲームのクラスの中に TU ゲームを含めることができる．

改善可能性によるコアの定義を再記しておこう．ゲーム (N, V) のコア $\mathcal{C}(N, V)$ は，

$$\mathcal{C}(N, V) = \{x \in V(N) \mid \text{すべての } S \subseteq N \text{ に対し,}$$
$$y > x_S \text{ となるような } y \in V(S) \text{ が存在しない．}\}$$

で与えられる．ここで，$x_S = (x_i)_{i \in S}$ であることに注意する．また，このとき，

$$\mathcal{C}(N, V) = \{x \in V(N) \mid \text{すべての } S \subseteq N \text{ に対し}, x_S \notin \operatorname{int} V(S)\}$$

となる．ここで，$\operatorname{int} V(S)$ は $V(S)$ の $\mathbb{R}^S$ における内点の集合であり，$\partial V(S) = V(S) \setminus \operatorname{int} V(S)$ を満たす．(3) の仮定のもとで，$\operatorname{int} V(S) = \{y \in \mathbb{R}^S \mid \text{ある } x \in V(S) \text{ に対し } y < x \text{ が成り立つ．}\}$ となることに注意しておく．

---

[7] この節では 2 つのベクトル x, y の大小関係について次の記法を用いる．
$$x < y \Leftrightarrow x_i < y_i \quad \forall i \in S,$$
$$x \leq y \Leftrightarrow x_i \leq y_i \quad \forall i \in S.$$

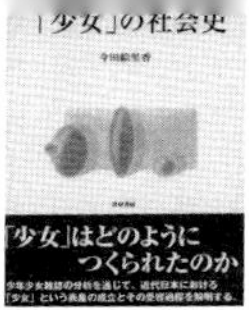

災害・復興の経済分析 ─社会経済的影響と政策

佐々木博之・高木朋代 編著

災害発生→復興期→平常期へと至る災害サイクルで社会経済の復興過程を具体的に解説し、次の災害に備える災害リスクマネジメントを考える。

A5判上製384頁定価3885円
ISBN978-4-326-50264-6 1版2刷

ひとつではない女の性

リュス・イリガライ
棚沢直子・中嶋公子 監訳
小野ゆり子 訳 他

母に還元されない女、人間には一にも分類されない女とその属性としての〈女性的なもの〉。現代フランスにおける女性解放思想の極地。

四六判上製312頁定価4095円
ISBN978-4-326-65075-0 1版4刷

ドイツ経済分析 ─リスクマネジメントへの構造と評価

馬場・山根 編著

経済学的視点から考える資本市場分析の新たな潮流。

A5判上製312頁定価3885円
ISBN978-4-326-60195-0 1版2刷

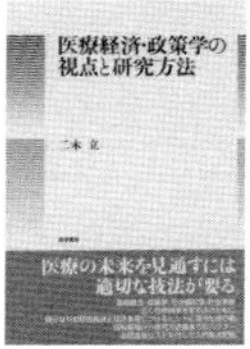

医療経済・政策学の視点と研究方法

西村周三 監修
田中滋・両角良子 編

資料検索のコツからインタビュー技法、統計の読み込み方から調査の基礎化まで、医療経済・政策学分野の基礎知識と学習方法が身につく実践的入門書。

A5判上製224頁定価2520円
ISBN978-4-326-74837-2 1版3刷

社会理論の革命 ─マーシャル・サーリンズ

山内 彰

20世紀後半における思想の最大の冒険の一つであったルーマン理論を、総体的、徹底的、詳細に解説した労作である。

A5判上製712頁定価9975円
ISBN978-4-326-60195-0 1版3刷

アジアの家族とジェンダー

落合恵美子 編
山根真理・宮坂靖子

韓国・中国・台湾・タイ・シンガポールの子供と高齢者に対する福祉ボールの子供と高齢者に対する福祉を中心に現地調査、変化の今を見る。

A5判上製336頁定価3675円
ISBN978-4-326-64874-0 1版2刷

日本人の子産み・子育て いま・むかし

坂部昌子・鈴木七美
沢山美果子・脇田晴子 他

出産・子育ての習俗を尋ねる。先人の知恵を学ぶ。医療化と産み・育ての所在を考える現代のお産を理性の側の手に取りもどす。

四六判上製288頁定価2940円
ISBN978-4-326-79866-7 1版10刷

絵・ジェンダー・社会史
少女とは何か

今田絵里香

「子どもでも「少年」でもない「少女」は近代にこそ生み出された。日本における「少女」イメージの変遷を、少女雑誌を題材に分析。

A5判上製272頁定価3465円
ISBN978-4-326-64878-8 1版4刷

快読・西洋美術 ─視覚と時代の美術

神林恒道

ピラミッドはなぜあの形なのか。遠近法は何を意味しているのか。時代の意志を形に探る。読んで楽しいアート・ヒストリー。

四六判変型256頁定価2520円
ISBN978-4-326-85171-3 1版3刷

表示価格は消費税を含んでおります。

経済学の発想で日本の政策決定メカニズムを眺めてみよう――小泉改革にも参画し、政治の舞台裏を体験した著者によってまとめられた、新しい経済学入門。

定価 3059 円
ISBN 978-4-326-55059-3

バブル、デフレ、グローバリゼーション、格差、環境劣化、資源枯渇に対して、信頼・安全・希望に満ちた人間らしい生活を約束する社会のあり方を探る。

定価 3135 円
ISBN 978-4-326-50302-5

日本経済の再定位

贈与論 新装版

マルセル・モース 著
有地 亨 訳

A5判 上製 396頁
定価 6021 円
ISBN 978-4-326-60212-4

レヴィ＝ストロースやバタイユをはじめ多くの思想家に影響を与えたモースの代表作。知的刺激を誘う文化人類学の古典を装い新たに復刊。

法学にとって、経済学に何ができるか。規範的な「法と経済学」研究の可能性を問い、法学研究における経済学の位置を見極める試論。司法の規制緩和など。

定価 4026 円
ISBN 978-4-326-40216-5

田中 成枝子 著

保健医療ソーシャルワーク論

SOCIAL WORK 保健医療ソーシャルワーク論

B5判 並製 139頁
定価 6021 円
ISBN 978-4-326-60211-7

保健医療ソーシャルワークの基本的知識と技術、価値に基づく専門家としてのスタンスとは。医療と福祉をつなぐ現場で活躍するソーシャルワーカーになる為に。

表示価格は希望小売価格（税込）で、変更される場合があります。

3.7 NTU ゲームにおけるコアの公理化

続いて，NTU ゲームにおけるいくつかの公理を提示しよう．それらの意味付けは対応する TU ゲームにおける公理の意味付けとよく似ている．ここで，Γ^{NC} をコアが存在する NTU ゲームのクラスとする．また，NTU ゲームの解 $\Phi(N,V)$ は NTU ゲーム (N,V) のクラスから $V(N)$ の部分集合への関数である．

存在公理

Γ^{NC} において $\Phi(N,V) \neq \emptyset$.

個人合理性公理

Γ^{NC} において，すべての $x \in \Phi(N,V)$，すべての $i \in N$ に対して $x_i \geq \max\{z_i \in \mathbb{R} \mid z_i \in V(\{i\})\}$ が成り立つ．

全体合理性公理

Γ^{NC} において，各 $x \in \Phi(N,V)$ に対し，$y > x$ を満たす $y \in V(N)$ が存在しない．

$n-1$ 人提携合理性公理

Γ^{NC} において，各 $x \in \Phi(N,V)$ に対し，$y > x_S$ を満たす $y \in V(S)$ が存在するような $S \subset N$, $|S| = |N| - 1$ が存在しない．

$n-1$ 人提携合理性は，いかなる $n-1$ 人提携が協力しても，解に属する利得ベクトルを改善することができないことを示している．NTU ゲームにおいては，TU ゲームにおける双対個人合理性に対応する公理を一般的に定義することができない．そこで，TU ゲームにおいて全体合理性と双対個人合理性から導かれた $n-1$ 人提携合理性を NTU ゲームの公理として用いている．

さらに，TU ゲームに対応するいくつかの縮小ゲーム整合性公理と逆縮小ゲーム整合性公理を定義するために，いくつかの縮小ゲームを提示する．ここで，縮小ゲームの名称は対応する TU ゲームの縮小ゲームの名称をそのまま用いている．

定義 3.5. マックス縮小ゲーム

(N, V) を NTU ゲームとする．$x \in V(N)$ とし，$S \subset N, S \neq \emptyset$ とする．このとき，マックス縮小ゲーム (S, V^x) は以下のように与えられる．

$V^x(S) = \{y_S \in \mathbb{R}^S \mid (y_S, x_{N \setminus S}) \in V(N)\}$,
$V^x(T) = \cup_{Q \subseteq N \setminus S} \{y_T \in \mathbb{R}^T \mid (y_T, x_Q) \in V(T \cup Q)\}$ for $T \subset S, T \neq \emptyset$,
$V^x(\emptyset) = \emptyset$.

この縮小ゲーム (S, V^x) において，プレイヤーは $x_{N \setminus S}$ と組み合わせて，$V(N)$ の要素となるようなベクトル y_S のみが実現可能である．S の真部分集合 T に対しては，任意の提携 $Q \subseteq N \setminus S$ に対する集合 $V(Q)$ に属するベクトル x_Q と組み合わせて $V(T \cup Q)$ の要素となるどのようなベクトル y_T も実現可能である．

TU ゲーム (N, v) に対し，それに対応する NTU ゲーム (N, V) を，

$$V(S) = \left\{ x_S \in \mathbb{R}^S \;\middle|\; \sum_{i \in S} x_i \leq v(S) \right\}$$

で定義すると，NTU ゲームのマックス縮小ゲームが TU ゲームのマックス縮小ゲームに対応することがわかる．

部分提携 T の $N \setminus S$ との協力の可能性の違いにより，異なったさまざまな縮小ゲームを定義することができる．

定義 3.6. コンプリメント縮小ゲーム

(N, V) を NTU ゲームとする．$x \in V(N)$ とし，$S \subset N, S \neq \emptyset$ とする．このとき，コンプリメント縮小ゲーム (S, V^x) は以下のように与えられる．

$V^x(T) = \{y_T \in \mathbb{R}^T | (y_T, x_{N \setminus S}) \in V(T \cup (N \setminus S))\}$ for $T \subseteq S, T \neq \emptyset$,
$V^x(\emptyset) = \emptyset$.

3.7 NTU ゲームにおけるコアの公理化

定義 3.7. プロジェクション縮小ゲーム

(N,V) を NTU ゲームとする. $x \in V(N)$ とし, $S \subset N$, $S \neq \emptyset$ とする. このとき, プロジェクション縮小ゲーム (S, V^x) は以下のように与えられる.

$$V^x(S) = \{y_S \in \mathbb{R}^S \mid (y_S, x_{N\setminus S}) \in V(N)\},$$
$$V^x(T) = V(T) \quad \text{for } T \subset S.$$

NTU ゲームのコンプリメント縮小ゲームおよびプロジェクション縮小ゲームが, TU ゲームのコンプリメント縮小ゲーム, プロジェクション縮小ゲームに対応することがわかる. これらの各縮小ゲームに対し, 対応する縮小ゲーム整合性公理を導くことができる. NTU ゲームにおける縮小ゲーム整合性公理は次のように表される. なお, この節で扱うゲームのクラスは Γ^{NC} に限るので, そのクラスを前提にして定義を与えている.

定義 3.8. 縮小ゲーム整合性公理

任意のゲーム $(N,V) \in \Gamma^{NC}$ をとる. すべての $x \in \Phi(N,V)$, $S \subset N$ に対し, $(N, V^x) \in \Gamma^{NC}$ かつ $x_S \in \Phi(S, V^x)$ が成り立つ.

定義 3.9. 逆縮小ゲーム整合性公理

任意のゲーム $(N,V) \in \Gamma^{NC}$ をとる ($|N| \geq 2$). 全体合理性を満たすベクトル $x \in \mathbb{R}^N$ に対し, すべての $|S| = 2$ なる $S \subseteq N$ において $x_S \in \Phi(S, V^x)$ が成り立つならば $x \in \Phi(N,V)$ が成り立つ.

以上の公理により, NTU ゲームにおける定理を正確に記述する準備が整った. マックス縮小ゲーム整合性に関する定理 3.22 が Peleg により最初に証明されたが, より簡明で基本的と思える次のコンプリメント縮小ゲーム整合性に関する定理 3.20 からはじめることにしよう.

定理 3.20. (Tadenuma [83]) ゲームのクラス Γ^{NC} において, コアは存在公理, 個人合理性公理, コンプリメント縮小ゲーム整合性公理を満たし, それらの公

理を満たす解はコアに限る．

証明． まず，コアは明らかに存在公理と個人合理性公理を満たすので，コンプリメント縮小ゲーム整合性公理を満たすことを示す．

$(N, V) \in \Gamma^{NC}$ かつ $x \in \mathcal{C}(N, V)$ とし，$\emptyset \neq S \subset N$ なる S をとる．このとき，$x_S \notin \mathcal{C}(S, V^x)$ と仮定する．このとき，ある非空な集合 $T \subseteq S$ が存在して，$y_T \in V^x(T)$, $y_T > x_T$ が成り立つ．さらに，縮小ゲームの定義から $(y_T, x_{N \setminus T}) \in V(N)$ が成り立ち，当然，$(y_T, x_{N \setminus T}) \geq x$, $(y_T, x_{N \setminus T}) \neq x$ が成り立つ．(N, V) は非水平性を満たすので $z > x$ なる $z \in V(N)$ が存在し，$x \in \mathcal{C}(N, V)$ に矛盾する．これで，$\mathcal{C}(N, V)$ がコンプリメント縮小ゲーム整合性を満たすことを示すことができた．これは同時に $(S, V^x) \in \Gamma^{NC}$ を示している．

続いて，解 Φ がコンプリメント縮小ゲーム整合性と個人合理性を満たすならば，全体合理性を満たすことを示す．$x \in \Phi(N, V)$ とする．1人提携 $\{i\}$ をプレイヤー集合とするコンプリメント縮小ゲーム $(\{i\}, V^x)$ を考えると，

$$V^x(\{i\}) = \{z \in \mathbb{R} \mid (z, x_{N \setminus \{i\}}) \in V(N)\}$$

となる．このとき，縮小ゲーム整合性公理から $\Phi(\{i\}, V^x) \ni x_i$ が成り立つ．x_i はこの縮小ゲームにおいて，個人合理性を満たすので，$x_i \geq \max\{z \in \mathbb{R} \mid z \in V^x(\{i\})\} = \max\{z \in \mathbb{R} \mid (z, x_{N \setminus \{i\}}) \in V(N)\}$ が成り立つ．これは $x_i = \max\{z \in \mathbb{R} \mid (z, x_{N \setminus \{i\}}) \in V(N)\}$ を導くので，x は全体合理性を満たす．

さらに，$\Phi(N, V)$ を3つの公理を満たす解として，これがコアと一致することを示す．はじめに，$\Phi(N, V) \subseteq \mathcal{C}(N, V)$ を示そう．$x \in \Phi(N, V)$ とし，$x \notin \mathcal{C}(N, V)$ と仮定する．全体合理性より $x \in \partial V(N)$ であるから，コアの定義より $y_T > x_T$ となる $T \subset N$, $y_T \in V(T)$ が存在する．このとき，$i \in T$ と $S = (N \setminus T) \cup \{i\}$ をとる．また，(S, V^x) に対して，

$$V^x(\{i\}) = \{z_i \in \mathbb{R} \mid (z_i, x_{N \setminus S}) \in V(\{i\} \cup (N \setminus S)) = V(T)\}$$

が成り立つ．$(y_i, y_{N \setminus S}) = y_T \in V(T)$ であるから，$x_{N \setminus S} < y_{N \setminus S}$ と (N, V)

の包括性から $(y_i, x_{N\setminus S}) \in V(T)$ であるので, $y_i \in V^x(\{i\})$ が成り立つ. 一方, Φ の縮小ゲーム整合性から, $x_S \in \Phi(S, V^x)$ が成り立つから, 個人合理性より $x_i \geq \max\{z \in \mathbb{R} \mid z \in V^x(\{i\})\} \geq y_i$ が成り立つ. これは, $i \in T$ より $y_i > x_i$ であることに矛盾する.

次に逆の包含関係が成り立つことを示そう. この証明はかなり長く, 段階的であるが TU ゲームの場合の証明によく似ているので, その証明と比較するとわかりやすい. まず, ゲーム $(N, V) \in \Gamma^{NC}$ と $x \in C(N, V)$ をとり, それに対し, 新たなゲーム (M, U) を次のようにつくる. まず, $j \in \mathbb{N}, j \notin N$ をとり, $M = N \cup \{j\}$ とする. さらに, $U(\{j\}) = \{z_j \in \mathbb{R} \mid z_j \leq 0\}$ とし, すべての $S \subseteq N$ $(S \neq \emptyset)$ に対して,

$$U(S) = \{z_S \in \mathbb{R}^S \mid \sum_{i \in S} z_i \leq \sum_{i \in S} x_i\},$$
$$U(S \cup \{j\}) = (V(S) \times \{0\}) + \{ta_{S \cup \{j\}} \in \mathbb{R}^{S \cup \{j\}} \mid t \in \mathbb{R}\},$$
$$= \{(x_S, 0) + ta_{S \cup \{j\}} \in \mathbb{R}^{S \cup \{j\}} \mid x_S \in V(S), t \in \mathbb{R}\},$$

と定義する. ここで, $a_{S \cup \{j\}}$ は $a_j = 1$, $a_i = -1$ for $i \in S$, $i \neq j$ を満たすベクトルである. また, この定義から, $S \subseteq N = M \setminus \{j\}$ に対し,

$$V(S) = \{x_S \in \mathbb{R}^S \mid (x_S, 0) \in U(S \cup \{j\})\}$$

が成り立つことに注意しておく.

このとき, ゲーム (M, U) は, この節の NTU ゲームの条件 (1)〜(4) を満たしていることを示そう. はじめに, 任意の $S \subseteq M$ に対し $U(S)$ が, (1) 非空かつ閉集合で, (2) 包括性を満たすことは明らかである.

(4) 共通部分の有界性に関して, $S \not\ni j$ に対しては明らかであるので, $S \ni j$ に対し証明する. 任意の b_S, および任意の $y_S \in (b_S + \mathbb{R}_+^S) \cap U(S)$ をとる. このとき, $y_S \in U(S)$ より, ある $x_{S\setminus\{j\}} \in V(S \setminus \{j\})$ とある t に対し, $y_S = (x_{S\setminus\{j\}}, 0) + ta_S$ が成り立つ. このとき, $y_j = t$, $y_i = x_i - t$ $(i \neq j)$ であるから, $y_S \in b_S + \mathbb{R}_+^S$ より, $t \geq b_j$ が成り立つ. したがって, $y_i = x_i - t \leq x_i - b_j$ が成り立つ. $c_i = b_i + b_j$ とすると, $y_i - b_i = x_i - b_i - t \leq x_i - b_i - b_j = x_i - c_i$ が成り立つ. $(c_{S\setminus\{j\}} + \mathbb{R}_+^{S\setminus\{j\}}) \cap V(S \setminus \{j\})$ が有界であ

り，$x \in (c_{S\setminus\{j\}} + \mathbb{R}_+^{S\setminus\{j\}}) \cap V(S \setminus \{j\})$ であるから，$(b_S + \mathbb{R}_+^S) \cap U(S)$ も有界となる．

続いて $U(S)$ の (3) 非水平性を示そう．再び，$S \not\ni j$ に対しては明らかであるので，$S \ni j$ に対し証明する．$S \ni j$ に対し $y_S^1 \geq y_S^2$ かつ $y_S^1 \neq y_S^2$ なる $y_S^1, y_S^2 \in U(S)$ をとる．このとき $y_S^2 \notin \partial U(S)$ を示す．$U(S)$ の定義から，ある $x_{S\setminus\{j\}}^1, x_{S\setminus\{j\}}^2 \in V(S \setminus \{j\})$ とある t^1, t^2 ($t^1 \geq t^2$) が存在して，$y_S^1 = (x_{S\setminus\{j\}}^1, 0) + t^1 a_S$，$y_S^2 = (x_{S\setminus\{j\}}^2, 0) + t^2 a_S$ が成り立つ．もし $t^1 = t^2$ ならば，$x_{S\setminus\{j\}}^1 \geq x_{S\setminus\{j\}}^2$ かつ $x_{S\setminus\{j\}}^1 \neq x_{S\setminus\{j\}}^2$ でなければならない．したがって，$V(S \setminus \{j\})$ の非水平性より，$x_{S\setminus\{i\}}^2 \notin \partial V(S \setminus \{j\})$ であるので，$x_{S\setminus\{j\}}^3 > x_{S\setminus\{j\}}^2$ なる $x_{S\setminus\{j\}}^3$ が存在する．そこで，$y_S^3 = (x_{S\setminus\{j\}}^3, 0) + t^3 a_S$ とし，$t^3 - t^2 > 0$ が十分小さくなるように t^3 を選べば，$y_S^3 > y_S^2$ となり，$y_S^3 \in U(S)$ より，$y_S^2 \notin \partial U(S)$ となる．一方，もし $t^1 > t^2$ ならば，$t^1 > t^3 > t^2$ なる t^3 をとり，$y_S^3 = (x_{S\setminus\{j\}}^1, 0) + t^3 a_S$ とすれば，$y_j^3 = t^3 > t^2 = y_j^2$ かつ，$i \neq j$ に対して，$y_S^1 \geq y_S^2$ より $x_i^1 - t^1 \geq x_i^2 - t^2$ であるから，$x_i^1 - t^3 > x_i^2 - t^2$，すなわち，$y_S^3 > y_S^2$ となり，$y_S^3 \in U(S)$ より，$y_S^2 \notin \partial U(S)$ となる．

続いて，$y \equiv (x, 0) \in \mathbb{R}^M$ と定義すると $y \in \mathcal{C}(M, U)$ となることを示す．定義から，明らかに $y \in U(M)$ である．$S \subseteq N$ ($S \neq \emptyset$) とする．$U(S)$ の定義から，$x_S \in \partial U(S)$ であるから，$y_S = x_S \notin \text{int}\, U(S)$ が成り立つ．さらに，$x \in \mathcal{C}(N, V)$ より，$x_S \notin \text{int}\, V(S)$ となる．よって，$V(S) = \{x_S \in \mathbb{R}^S \mid (x_S, 0) \in U(S \cup \{j\})\}$ より，$y_{S \cup \{j\}} = (x_S, 0) \notin \text{int}\, U(S \cup \{j\})$ が成り立つ．また，明らかに，$y_j \in \partial U(\{j\})$ である．よって，$y \in \mathcal{C}(M, U)$ である．

さらに，$\{y\} = \mathcal{C}(M, U)$ を示す．$z \in \mathcal{C}(M, U)$ とすると，$i \in N$ に対し，$z_i \geq \max\{\hat{z} \in \mathbb{R} \mid \hat{z} \in U(\{i\})\} = \max\{\hat{z} \in \mathbb{R} \mid \hat{z} \leq y_i\} = y_i$ が成り立つ．また，$z_j \geq \max\{\hat{z} \in \mathbb{R} \mid \hat{z} \in U(\{j\})\} = 0$ が成り立つ．したがって $z, y \in U(M)$，$z \geq y$ であるから，$U(M)$ の非水平性より $z = y$ となる．

最後に，(N, U^y) において，任意の $S \subseteq N$ に対し，$y_j = 0$ より，
$$U^y(S) = \{x_S \in \mathbb{R}^S \mid (x_S, y_j) \in U(S \cup \{j\})\} = V(S)$$
が成り立つので，$(N, U^y) = (N, V)$ である．

以上で定理を証明する準備が整った．

3.7 NTU ゲームにおけるコアの公理化

まず，ゲーム $(N,V) \in \Gamma^{NC}$ と $x \in \mathcal{C}(N,V)$ をとり，上述のゲーム (M,U) を考える．この証明のはじめに示したように解 Φ はコアに含まれるので，

$$\Phi(M,U) \subseteq \mathcal{C}(M,U) = \{y\}$$

が成り立つので，解の存在性から $\Phi(M,U) = \mathcal{C}(M,U) = \{y\}$ が成り立つ．さらに，解 Φ のコンプリメント縮小ゲーム整合性から，$y \in \Phi(M,U)$，$N \subset M$ に対して，

$$x = y_N \in \Phi(N,U^y) = \Phi(N,V)$$

が成り立つ．これで $\mathcal{C}(N,V) \subseteq \Phi(N,V)$ を示すことができた．よって $\mathcal{C}(N,V) = \Phi(N,V)$ である． □

次のプロジェクション縮小ゲーム整合性に関する定理 3.21 は定理 3.20 の証明によく似ている．

定理 3.21. (船木 [24]) ゲームのクラス Γ^{NC} において，コアは存在公理，全体合理性公理，$n-1$ 人提携合理性公理，プロジェクション縮小ゲーム整合性公理を満たし，それらを満たす解はコアに限る．

証明. コアが存在公理，$n-1$ 人提携合理性公理を満たすことは明らかであるので，まず，プロジェクション縮小ゲーム整合性公理を満たすことを示す．
$(N,V) \in \Gamma^{NC}$ かつ $x \in \mathcal{C}(N,V)$ とし，$\emptyset \neq S \subset N$ なる S をとる．このとき，$x_S \notin \mathcal{C}(S,V^x)$ を仮定する．コアの定義よりある非空な集合 $T \subseteq S$ が存在して，$y_T \in V^x(T)$, $y_T > x_T$ が成り立つ．このとき，縮小ゲームの定義から $T \subset S$ であれば，$y_T \in V(T) = V^x(T)$ が成り立ち，$y_T > x_T$ であるから，$x \in \mathcal{C}(N,V)$ に矛盾する．$T = S$ のときは，縮小ゲームの定義から $(y_S, x_{N\setminus S}) \in V(N)$ が成り立ち，$(y_S, x_{N\setminus S}) \geq x$ かつ $(y_S, x_{N\setminus S}) \neq x$ が成り立つので $(y_S, x_{N\setminus S}), x \in \partial V(N)$ となり，(2) 包括性より，$x_{T \cup (N\setminus S)} \in \partial V(T \cup (N \setminus S))$ が成り立つ．一方，$(y_T, x_{N\setminus S}) \neq x_{T \cup (N\setminus S)}$ であるから，$V(T \cup (N\setminus S))$ の (3) 非水平性に矛盾する．したがって，$x_S \in C(S,V^x)$

となる．これは同時に $(S, V^x) \in \Gamma^{NC}$ を示している．

続いて，$\Phi(N, V)$ を4つの公理を満たす解として，これがコアと一致することを示す．はじめに，$\Phi(N, V) \subseteq \mathcal{C}(N, V)$ を示そう．$x \in \Phi(N, V)$ とし，$x \notin \mathcal{C}(N, V)$ と仮定する．全体合理性より $x \in \partial V(N)$ であるから，コアの定義より $y_T > x_T$ となる $T \subset N$, $y_T \in V(T)$ が存在する．このとき，$i \in N \setminus T$ と $S = T \cup \{i\}$ をとる．$|T| = |S| - 1$ に注意する．また，整合性公理から，$x_S \in \Phi(S, V^x)$ が成り立つ．ところが，(S, V^x) における $n-1$ 人提携合理性からすべての $|S| - 1$ 人提携 Q に対し，$z_Q > x_Q$ を満たす $z_Q \in V^x(Q)$ は存在しない．これは，$y_T > x_T$, $y_T \in V(T) = V^x(T)$ に矛盾する．

次に逆の包含関係が成り立つことを示そう．まず，ゲーム $(N, V) \in \Gamma^{NC}$ と $x \in \mathcal{C}(N, V)$ をとり，それに対し新たなゲーム (M, U') を次のようにつくる．まず，$j \in \mathbb{N}$, $j \notin N$ をとり，$M = N \cup \{j\}$ とする．さらに，$U'(\{j\}) = \{z_j \in \mathbb{R} \mid z_j \leq 0\}$ とし，すべての $S \subseteq N$ $(S \neq \emptyset)$ に対して，

$$U'(S) = V(S), \quad U'(N) = V(N),$$
$$U'(S \cup \{j\}) = \left\{ z_{S \cup \{j\}} \in \mathbb{R}^{S \cup \{j\}} \mid \sum_{i \in S \cup \{j\}} z_i \leq \sum_{i \in S} x_i \right\},$$
$$U'(M) = (V(N) \times \{0\}) + \{ta_M \in \mathbb{R}^M \mid t \in \mathbb{R}\},$$

と定義する．ここで，a_M は $a_j = 1$, $a_i = -1$ $\forall i \in N$ を満たすベクトルである．また，この定義から，$V(N) = \{x \in \mathbb{R}^N \mid (x, 0) \in U'(M)\}$ が成り立つことに注意しておく．このゲーム (M, U') は (1)，(2)，(3)，(4) の性質を満たす．(1) 非空かつ閉集合で，(2) 包括性を満たすことは明らかである．(3) の非水平性と (4) の有界性を満たすことの証明は定理 3.20 の証明と同様であるので省略する．

続いて，$y = (x, 0) \in \mathbb{R}^M$ とし，$y \in \mathcal{C}(M, U')$ となることを示す．定義から，明らかに $y \in U'(M)$ である．また，$x \in \partial V(N)$ であるから，$y \in \partial U'(M)$ が成り立つ．$y \notin \mathcal{C}(M, U')$ と仮定する．このとき，ある $T \subseteq M$ とある $z_T \in U'(T)$ が存在して，$z_T > y_T$ が成り立つ．$T \subseteq N \subset M$ とすると，$z_T > y_T = x_T$ かつ $z_T \in U'(T) = V(T)$ であるから，$x_T \in \mathcal{C}(N, V)$

に矛盾する．一方，$T \subset M$, $T \ni j$ とすると，$z_T \in U(T)$ より，$\sum_{i \in T} z_i \leq \sum_{i \in T \setminus \{j\}} x_i = \sum_{i \in T} y_i$ が成り立つので $z_T > y_T$ に矛盾する．最後に $T = M$ とすると，$y_M \in \operatorname{int} U'(M)$ となるから $x \in \operatorname{int} V(N)$ となるので，$x \in \mathcal{C}(N, V)$ に矛盾する．以上から $y \in \mathcal{C}(M, U')$ であることがわかる．

さらに，$\{y\} = \mathcal{C}(M, U')$ を示す．$z \in \mathcal{C}(M, U')$ とすると，$z_j \geq \max_{\hat{z} \in U'(\{j\})} \hat{z} = 0$ が成り立つ．$z_j > 0$ と仮定する．$z \in \partial U'(M)$ であるから，$U'(M)$ の定義より，$z_N \in \operatorname{int} V(N)$ が成り立つ．一方，コアの定義から $z_N \notin \operatorname{int} U'(N) = \operatorname{int} V(N)$ であるので矛盾である．したがって $z_j = 0$ となる．さらに，任意の $i \in N$ に対し，

$$U'(\{i, j\}) = \{(\hat{z}_i, \hat{z}_j) \in \mathbb{R}^{\{i,j\}} \mid \hat{z}_i + \hat{z}_j \leq x_i\}$$

および，$z \in \mathcal{C}(M, U')$ より，$z \notin \operatorname{int} U'(\{i, j\})$，すなわち，$z_i = z_i + z_j \geq x_i = y_i$ が成り立つ．$z, y \in \partial U'(M)$ であるから，$U'(M)$ の非水平性より $z = y$ でなければならない．

最後に，(N, U'^y) において，任意の $S \subset N$ に対し，$y_j = 0$ より，

$$U'^y(S) = V(S), \quad U'^y(N) = \{x \in \mathbb{R}^N \mid (x, y_j) \in U'(N \cup \{j\})\} = V(N)$$

が成り立つので，$(N, U'^y) = (N, V)$ である．

以上で定理を証明する準備が整った．

まず，ゲーム $(N, V) \in \Gamma^{NC}$ と $x \in \mathcal{C}(N, V)$ をとり，上述のゲーム (M, U') を考える．この証明のはじめに示したように解 Φ はコアに含まれるので，

$$\Phi(M, U') \subseteq \mathcal{C}(M, U') = \{y\}$$

が成り立つので，解の存在公理から $\Phi(M, U') = \mathcal{C}(M, U') = \{y\}$ が成り立つ．さらに，解 Φ のプロジェクション縮小ゲーム整合性から，$y \in \Phi(M, U')$, $N \subset M$ に対して，

$$x = y_N \in \Phi(N, U'^y) = \Phi(N, V)$$

が成り立つ．これで $\mathcal{C}(N, V) \subseteq \Phi(N, V)$ を示すことができた．よって $\mathcal{C}(N, V) = \Phi(N, V)$ である． □

ここで，定理 3.20 の証明と同様にして，プロジェクション縮小ゲーム整合性と個人合理性から全体合理性公理が導かれる．したがって次の系が成り立つ．

系 3.4. ゲームのクラス Γ^{NC} において，コアは存在公理，個人合理性公理，$n-1$ 人提携合理性公理，プロジェクション縮小ゲーム整合性公理を満たし，それらを満たす解はコアに限る．

次のマックス縮小ゲーム整合性に関する定理を示す．この証明は長く複雑であるので，できるだけ重複する部分を省いて証明する．また，TU ゲームのときとは異なり，この定理においては優加法性公理を必要としない．

定理 3.22. (Peleg [64]) ゲームのクラス Γ^{NC} において，コアは存在公理，個人合理性公理，マックス縮小ゲーム整合性公理を満たし，それらを満たす解はコアに限る．

証明． まず，コアは存在公理，個人合理性公理を満たすので，マックス縮小ゲーム整合性公理を満たすことを示す．

$(N,V) \in \Gamma^{NC}$ かつ $x \in \mathcal{C}(N,V)$ とし，$\emptyset \neq S \subset N$ なる S をとる．このとき，$x_S \notin \mathcal{C}(S, V^x)$ と仮定する．このとき，ある非空な集合 $T \subseteq S$ が存在して，$y_T \in V^x(T)$, $y_T > x_T$ が成り立つ．このとき，縮小ゲームの定義からある $Q \subseteq N \setminus S$ に対し，$(y_T, x_Q) \in V(T \cup Q)$ が成り立ち，当然，$(y_T, x_Q) \geq x_{T \cup Q}$, $(y_T, x_Q) \neq x_{T \cup Q}$ が成り立つ．(N,V) は非水平性を満たすので $z_{T \cup Q} > x_{T \cup Q}$ なる $z_{T \cup Q} \in V(T \cup Q)$ が存在し，$x \in \mathcal{C}(N,V)$ に矛盾する．これで，マックス整合性を満たすことを示すことができた．

解が個人合理性とマックス縮小ゲーム整合性を満たすとき，全体合理性を満たすことは定理 3.20 の証明と同じである．

続いて，$\Phi(N,V)$ を 3 つの公理を満たす解として，これがコアと一致することを示す．はじめに，$\Phi(N,V) \subseteq \mathcal{C}(N,V)$ を示そう．$|N| \leq 2$ のとき，全体合理性と個人合理性から $\Phi(N,V) \subseteq \mathcal{C}(N,V)$ がいえる．$|N| \geq 3$ のとき，

$x \in \Phi(N,V)$ とする．マックス縮小ゲーム整合性から，すべてのペア $\{i,j\} \subset N$ $(i \neq j)$ に対し，$x_{\{i,j\}} \in \Phi(\{i,j\}, V^x)$ が成り立つ．このとき，コアが（マックス縮小ゲームに関する）逆縮小ゲーム整合性を満たすことを示す．すなわち，$x \in V(N)$ のとき，すべてのペア $\{i,j\} \subset N$ $(i \neq j)$ に対し，$x_{\{i,j\}} \in \mathcal{C}(\{i,j\}, V^x)$ が成り立つならば，$x \in \mathcal{C}(N,V)$ が成り立つことを示す．$x \notin \mathcal{C}(N,V)$ と仮定する．全体合理性より $x \in \partial V(N)$ であるから，コアの定義より $y_T > x_T$ となる $T \subset N$, $y_T \in V(T)$ が存在する．このとき，$i \in T$ と $j \notin T$ とすると，ゲーム $(\{i,j\}, V^x)$ に対して $V^x(\{i\}) = \cup_{Q \subseteq N \setminus \{i,j\}} \{z_i \in \mathbb{R} \mid (z_i, x_Q) \in V(\{i\} \cup Q)\} \supseteq \{z_i \in \mathbb{R} \mid (z_i, x_{T \setminus \{i\}}) \in V(T)\}$ が成り立つので，$y_i \in V^x(\{i\})$ が成り立つ．$y_i > x_i$ であるから，$x_{\{i,j\}} \in \mathcal{C}(\{i,j\}, V^x)$ に矛盾する．よって，$x \in \mathcal{C}(N,V)$ が示された．したがって $x_{\{i,j\}} \in \Phi(\{i,j\}, V^x) \subseteq \mathcal{C}(\{i,j\}, V^x)$ $\forall i, j (i \neq j)$ より $x \in \mathcal{C}(N,V)$ が成り立つ．

次に他の定理3.20，定理3.21と同様，新たなゲームを定義することによって逆の包含関係が成り立つことを示そう．ゲーム $(N,V) \in \Gamma^{NC}$ と $x \in \mathcal{C}(N,V)$ をとり，それに対し新たなゲーム (M,W) を次のように作る．まず，$j \in \mathbb{N}, j \notin N$ をとり，$M = N \cup \{j\}$ とする．さらに，$W(\{j\}) = \{z_j \in \mathbb{R} \mid z_j \leq 0\}$ とし，すべての $S \subset N$ に対して，

$$W(S) = V(S),$$

すべての $S \subseteq N$ $(S \neq \emptyset)$ に対して，

$$W(S \cup \{j\}) = (V(S) \times \{0\}) + \{t a_{S \cup \{j\}} \in \mathbb{R}^{S \cup \{j\}} \mid t \in \mathbb{R}\}$$

と定義する．ここで，$a_{S \cup \{j\}}$ は $a_j = 1$, $a_i = -1$ $\forall i \neq j$ を満たすベクトルである．最後に $W(N)$ を以下の $|N|$ 個の関数 f_i $(i \in N)$ によって定義する．

$$f_i(z_i) = z_i + \frac{\max\{z_i - x_i, 0\}}{1 + \max\{z_i - x_i, 0\}}$$

ここで，f_i は z_i に関して，厳密に単調増加な連続関数である．

$$W(N) = \{y \in \mathbb{R}^N \mid \text{ある } z \in V(N) \text{ に対して } y_i = f_i(z_i) \ \forall i \in N\}$$

とする．このとき，すべての $z \in V(N)$，すべての $i \in N$ に対し，

$$z_i \leq f_i(z_i) \leq z_i + 1$$

が成り立つ．$W(N)$ 以外が性質 (1)〜(4) を満たすことはすでに定理 3.21 の証明で行っているので，$W(N)$ がこれらの性質を満たすことを示す．$W(N)$ が非空な閉集合であることは明らかであり，上記の不等式から (4) の上に有界性を満たすことも明らかである．(2) の包括性を示そう．

$y \in W(N)$ とし，$u \in \mathbb{R}^N$，$u \leq y$ とする．$W(N)$ の定義より，ある，$z \in V(N)$ に対して $y_i = f_i(z_i) \geq u_i \ \forall i \in N$ が成り立つ．上記の不等式より，$\lim_{z_i \to -\infty} f_i(z_i) = -\infty$ であるから，f_i の連続性と単調増加性からある $\hat{z}_i \leq z_i$ が存在して $f_i(\hat{z}_i) = u_i$ が成り立つ．$V(N)$ は (2) の包括性を満たすので，$\hat{z} \in V(N)$ でなければならない．したがって，$u \in W(N)$ となる．

(3) の非水平性について，$y^1, y^2 \in \partial W(N)$，$y^1 \geq y^2$ とする．そのとき，ある $z^1, z^2 \in \partial V(N)$ が存在して，f_i の単調増加性から $z^1 \geq z^2$ が成り立つ．$V(N)$ の非水平性から $z^1 = z^2$，すなわち，$y^1 = y^2$ が成り立つ．

$W(N)$ が次の 2 つの性質をもつことが後の証明で必要であるのでここで示しておこう．

$$x \in \partial W(N), \tag{3.6}$$

$$z \in \partial V(N) \text{ かつ } z \neq x \text{ ならば}, z \notin \partial W(N). \tag{3.7}$$

実際，任意の $y \in W(N)$ に対し，$f_i(z_i) = y_i \ \forall i \in N$ を満たす，ある $z \in V(N)$ が存在し，$x \in \partial V(N)$ であるから，ある $k \in N$ に対し，$z_k \leq x_k$ が成り立つ．よって，f_k の単調性から $y_k = f_k(z_k) \leq f_k(x_k) = x_k$ が得られるので $x \in \partial W(N)$ である．

さらに，第 2 の性質 (3.7) を示そう．$z \in \partial V(N)$ かつ $z \neq x$ とする．このとき，ある $k \in N$ に対して，$z_k > x_k$ が成り立つ．さらに，f_k の定義より，ある $\hat{z}_k \in \mathbb{R}$ が存在して，$\hat{z}_k < z_k < f_k(\hat{z}_k)$ かつ $\hat{z} \in V(N)$ が成り立つ．$V(N)$ の非水平性から $\hat{z}_k$ を第 k 成分とし，他のすべての成分について $\hat{z}_i > z_i \ (i \neq k)$ を満たすようなベクトル $\hat{z} \in V(N)$ が存在する．f_i の単調性から，すべての $i \neq k$ に関して $f_i(\hat{z}_i) > f_i(z_i) \geq z_i$ が成り立つ．$f_k(\hat{z}_k) > z_k$ とあわせれば，$z \notin \partial W(N)$ がわかる．

3.7 NTU ゲームにおけるコアの公理化

これで，ゲーム (M,W) は，この節の NTU ゲームの条件（1）〜（4）を満たしていることがわかった．さらに，$y=(x,0)$ とすると，任意の $S\subseteq N$ に対し，$y_j=0$ より，

$$\{z_S\in\mathbb{R}^S \mid (z_S,y_j)\in W(S\cup\{j\})\}=V(S)$$

が成り立ち，かつ $S\subset N$ に対して $W(S)=V(S)$ であるので，

$W^y(N)=\{z\in\mathbb{R}^N \mid (z,y_j)\in W(N\cup\{j\})\}=V(N)$，かつ

$W^y(S)=\{z\in\mathbb{R}^S \mid (z,y_j)\in W(S\cup\{j\})\}\cup W(S)=V(S)$ for $\emptyset\neq S\subset N$

が成り立つ．したがって $(N,W^y)=(N,V)$ である．最後に $\{y\}=\mathcal{C}(M,W)$ を示す．

$u\in\mathcal{C}(M,W)$ とする．$W(M)$ の定義から，ある $z_N\in V(N)$ とある $t\in\mathbb{R}$ に対して，$u=(z_N,0)+ta_M$ が成り立つ．$u_j\notin \mathrm{int}\,W(\{j\})$ であるから，$t\geq 0$ である．もし，$t>0$ とすると，$z_N>u_N$ となり，$z_N\in W(N)$ であるから，$u\in\mathcal{C}(M,W)$ に矛盾する．ここで，$z_N\in W(N)$ は，$z_i\geq f_i(z_i)$ $\forall i\in N$ と $W(N)$ の包括性から得られる．$t=0$ とすると，$u_N=z_N\in W(N)$ となり，$u\in\mathcal{C}(M,W)$ から，$u_N\in\partial W(N)$ でなければならない．さらに，$u\in\partial W(M)$ と $W(N)$ の包括性から $u_N\in\partial V(N)$ が成り立つ．よって (3.7) より，$u_N=x$ となる．すなわち，コアに属するすべての点は u は $u_N=x$ を満たす．さらに，(3.6) と (3.7) より $y=(x,0)\in\mathcal{C}(M,W)$ が得られる．したがって $\{y\}=\mathcal{C}(M,W)$ である．あとは，定理 3.20，定理 3.21 と同様に証明すればよい． □

NTU ゲームにおいてもコアは，多くのタイプの整合性公理によって公理化されることがわかった．さらに，マックス縮小ゲーム整合性公理による公理化において，TU ゲームのような優加法性公理が必要ないことも興味深い．また，コアが（マックス）逆縮小ゲーム整合性を満たすことも証明の中で示されている．

3.8 凸ゲームのカーネル

凸ゲームのカーネルは1点解となり，仁と一致する．この節ではそれを証明する．この定理は Maschler, Peleg and Shapley [45] らによって初めて証明された．この定理の証明にはマックス縮小ゲームと凸ゲームの性質が深く関わっている．すなわち，縮小ゲーム整合性公理の応用と考えることもできる．なお，凸ゲームの特性関数は優加法性を満たすので，仁とプレ仁は一致し，カーネルとプレカーネルは一致する．以下では次の定理を証明する．

定理 3.23. 凸ゲームにおいて，プレカーネルは1点解となり，プレ仁と一致する．

まず，はじめに凸ゲームとマックス縮小ゲームに関する次の補題 3.4 を示す．

補題 3.4. (N,v) を凸ゲームとし，$x \in \mathcal{C}(N,v)$ とするとき，すべての $S \subset N$ に対し，（マックス）縮小ゲーム (S, v^x) も凸ゲームである．

証明. 任意の $T, Q \subset S$ に対し，$v^x(T) + v^x(Q) \leq v^x(T \cap Q) + v^x(T \cup Q)$ を示せばよい．v^x の定義より，ある $R_1, R_2 \subseteq N \setminus S$ が存在して，

$$v^x(T) = v(T \cup R_1) - \sum_{k \in R_1} x_k, \quad v^x(Q) = v(Q \cup R_2) - \sum_{k \in R_2} x_k,$$

が成り立つ．よって，

$$v^x(T) + v^x(Q) = v(T \cup R_1) + v(Q \cup R_2) - \sum_{k \in R_1} x_k - \sum_{k \in R_2} x_k,$$

$$\leq v(T \cup Q \cup R_1 \cup R_2)$$
$$\quad - \sum_{k \in R_1 \cup R_2} x_k + v((T \cap Q) \cup (R_1 \cap R_2)) - \sum_{k \in R_1 \cap R_2} x_k$$

$$\leq \max \left\{ v(T \cup Q \cup R'_1) - \sum_{k \in R'_1} x_k \middle| R'_1 \subseteq N \setminus S \right\}$$

$$+ \max\left\{v((T\cap Q)\cup R_2') - \sum_{k\in R_2'} x_k \mid R_2' \subseteq N\setminus S\right\}$$

が成り立つ．このとき，$T\cup Q \neq S$ ならば，v^x の定義より，

$$\max\left\{v(T\cup Q\cup R_1') - \sum_{k\in R_1'} x_k \mid R_1' \subseteq N\setminus S\right\} = v^x(T\cup Q)$$

であり，$T\cup Q = S$ ならば，$x\in \mathcal{C}(N,v)$ より，すべての $R\subseteq N\setminus S$ に対し，

$$v(T\cup Q\cup R) - \sum_{k\in R} x_k \leq \sum_{k\in S} x_k = v^x(S)$$

であるから，

$$\max\left\{v(T\cup Q\cup R_1') - \sum_{k\in R_1'} x_k \mid R_1' \subseteq N\setminus S\right\} = v^x(S) = v(T\cup Q)$$

が成り立つ．一方，$T\cap Q \neq \emptyset$ ならば，v^x の定義より，

$$\max\left\{v((T\cap Q)\cup R_2') - \sum_{k\in R_2'} x_k \mid R_2' \subseteq N\setminus S\right\} = v^x(T\cap Q)$$

であり，$T\cap Q = \emptyset$ ならば，$x\in \mathcal{C}(N,v)$ より，すべての $R\subseteq N\setminus S$ に対し，

$$v((T\cap Q)\cup R) - \sum_{k\in R} x_k = v(R) - \sum_{k\in Q} x_k \leq 0 = v^x(T\cap Q)$$

であるから，

$$\max\left\{v((T\cap Q)\cup R_2') - \sum_{k\in R_2'} x_k \mid R_2' \subseteq N\setminus S\right\} = v^x(\emptyset) = v^x(T\cap Q)$$

が成り立つ．以上から，

$$v^x(T) + v^x(Q) \leq v^x(T\cup Q) + v^x(T\cap Q)$$

が得られる． □

ここで,各ゲーム (N,v) と各 $x \in \mathbb{R}^N$ に対し,

$$D(x,v) = \{S \subset N \mid S \neq \emptyset,$$
$$\text{すべての } T \subset N \ (T \neq \emptyset) \text{ に対し } e(S,x) \geq e(T,x)\}$$

とする.すなわち,与えられた利得ベクトル x に対し,不満を最大にする提携の集合である.このとき,凸ゲームにおいて,マックス縮小ゲームに関して次の補題 3.5,補題 3.6 が成り立つ.

補題 3.5. (N,v) を凸ゲームとし,$x \in \mathcal{I}^*(N,v)$,$S \in D(x,v)$ とする.このとき,すべての $T \subseteq S$,$Q \subseteq N \setminus S$ に対し,以下が成り立つ.

$$\max\{e(T \cup R, x) \mid R \subseteq N \setminus S\} = \max\{e(T,x), e(T \cup (N \setminus S), x)\},$$
$$\max\{e(Q \cup U, x) \mid U \subseteq S\} = \max\{e(Q,x), e(Q \cup S, x)\}.$$

証明. 任意の $T \subseteq S$,$Q \subseteq N \setminus S$ に対し,下記の式を満たす $U_0 \subseteq S$,$R_0 \subseteq N \setminus S$ をとる.

$$\max\{e(T \cup R, x) \mid R \subseteq N \setminus S\} = e(T \cup R_0, x),$$
$$\max\{e(Q \cup U, x) \mid U \subseteq S\} = e(Q \cup U_0, x).$$

一方,ゲーム (N,v) の凸性から以下の不等式が得られる.

$$e(T \cup R_0, x) + e(S,x) \leq e(T,x) + e(S \cup R_0, x),$$
$$e(Q \cup U_0, x) + e(S,x) \leq e(S \cup Q, x) + e(U_0, x),$$

$S \in D(x,v)$ であるから,$R_0 \neq N \setminus S$ であれば,$e(S,x) \geq e(S \cup R_0, x)$ が成り立つので,$e(T \cup R_0, x) \leq e(T,x)$ でなければならない.したがって,補題 3.5 のはじめの等式が得られる.また,$S \in D(x,v)$ であるから,$U_0 \neq \emptyset$ であれば,$e(S,x) \geq e(U_0, x)$ が成り立つので,$e(Q \cup U_0, x) \leq e(Q \cup S, x)$ でなければならない.したがって,補題 3.5 の 2 番目の等式が得られる. □

補題 3.6. (N,v) を凸ゲームとし,$x \in \mathcal{I}^*(N,v)$,$S \in D(x,v)$ とする.このと

き,マックス縮小ゲーム $(S, v^x), (N \setminus S, v^x)$ を考えると (S, v^x) に対して,

$$v^x(T) = \sum_{i \in T} x_i, \text{ for } T = S \text{ or } T = \emptyset,$$

$$v^x(T) = \max\left\{v(T), v(T \cup \{N \setminus S\}) - \sum_{i \in N \setminus S} x_i\right\}, \text{ for } T \neq S, \emptyset,$$

$(N \setminus S, v^x)$ に対して

$$v^x(T) = \sum_{i \in T} x_i, \text{ for } T = N \setminus S \text{ or } T = \emptyset,$$

$$v^x(T) = \max\left\{v(T), v(T \cup S) - \sum_{i \in S} x_i\right\}, \text{ for } T \neq S, \emptyset,$$

が成り立つ.

証明.補題 3.5 より導かれる. □

これらの準備をもとに定理を証明する.

定理 3.23 の証明.
ステップ 1
はじめに,$D(x, v)$ が次の性質 $(**)$ を満たすことを示す.

性質 $(**)$:任意の $S, T \in D(x, v)$, $S \cap T \neq \emptyset$, $S \cup T \neq N$ に対し,$S \cap T \in D(x, v)$ かつ $S \cup T \in D(x, v)$ が成り立つ.

(N, v) は凸ゲームであるから,

$$e(S, x) + e(T, x) \leq e(S \cap T, x) + e(S \cup T, x) \tag{3.8}$$

が成り立つ.一方,$S \cap T \neq \emptyset$, $S \cup T \neq N$ より,$S, T \in D(x, v)$ であるから,$e(S, x) \geq e(S \cap T, x)$, $e(T, x) \geq e(S \cup T, x)$ が成り立つ.ところが,(3.7) 式であるから,両者は等式が成り立たなければならない.よって $S \cap T \in D(x, v)$ かつ $S \cup T \in D(x, v)$ が成り立つ.

ステップ 2

次に，この $D(x,v)$ は N の部分集合から成る平衡集合族を含むことを示す．はじめに，すべての i, j $(i \neq j)$ に対し，$D(x,v) \cap \{T \mid T \ni i, T \not\ni j\} \neq \emptyset$ が成り立つとしてよい．なぜなら，ある i, j $(i \neq j)$ に対し，すべての $T \in D(x,v)$ が $i, j \in T$ を満たすならば，$D' = \{S \subseteq N \setminus \{j\} \mid S = T \setminus \{j\}, T \in D(x,v)\}$ が $N\setminus\{j\}$ の平衡集合族であることを示せば，その重みベクトル $\gamma' = (\gamma'_S)_{S \in D'}$ に対し，$\gamma_{S \cup \{j\}} = \gamma'_S$ $(S \in D')$ とすれば，$\sum_{T \ni j} \gamma_T = \sum_{T \ni i} \gamma_T = \sum_{T \setminus \{j\} \ni i} \gamma'_{T \setminus \{j\}} = 1$ が成り立つので，重みベクトル $\gamma = (\gamma_T)_{T \in D}$ のもとで $D = \{T \mid T = S \cup \{j\}, S \in D'\}$ が N の平衡集合族となるからである．

ステップ 2 が成り立つことを示そう．$n = 1$ のときは明らかに成り立つ．$n \geq 2$ とする．$D_i = \{S \mid S \in D(x,v), i \notin S\}$ とし，$D_i^* = \{S' \in D_i \mid \not\exists T \in D_i \text{ s.t. } T \supset S'\}$ とする．すなわち，D_i^* は，D_i の包含関係に関する極大元の集合である．$D(x,v) \cap \{T \mid T \ni i, T \not\ni j\} \neq \emptyset$ であるから，すべての $j \in N \setminus \{i\}$ は少なくとも 1 つの D_i^* に属する提携に属する．一方，ステップ 1 で示した性質 $(**)$ と，D_i^* が極大元の集合であることから D_i^* に属する提携は互いに素 ($S, T \in D_i^*$ ならば $S \cap T = \emptyset$) でなければならない．すなわち，D_i^* は $N \setminus \{i\}$ の分割になる．このとき $D^* = \cup_{i=1}^n D_i^*$ は平衡集合族になる．なぜなら，$S \in D^*$ に対し，$c(S) = |\{i \mid S \in D_i^*\}|$ とすれば，これは S の各 D_i^* に現れる重複の回数を表し，$\left(\dfrac{c(S)}{n-1}\right)_{S \in D^*}$ が D^* に対する重みベクトルとなるからである．ここで，各 $i \in N$ は，重複を含めて必ず $n-1$ 個の $N \setminus \{j\}$ $(j \neq i)$ のいずれかの分割に属するので，$\sum_{S \ni i} \dfrac{c(S)}{n-1} = 1$ が成り立っている．$D^* \subseteq D(x,v)$ よりステップ 2 の主張が証明された．

ステップ 3

プレカーネルはただ 1 点からなる．

n に関する帰納法で証明しよう．$n = 1$ のケースは明らかである．$n \geq 2$ とする．$x, y \in \mathcal{K}^*(N, v)$, $S \in D(x,v)$, $s(x) = e(S, x)$, $T \in D(y, v)$, $s(y) = e(T, y)$ とする．一般性を失わずに $s(x) \leq s(y)$ と仮定してもよい．

ステップ 1, 2 から $D(y,v)$ は平衡集合族 $\Gamma = \{S_1, S_2, \cdots, S_k\}$ を含む．$j = 1, 2, \cdots, k$ に対し，$S_j \in D(y,v)$ より，

$$e(S_j, x) \le s(x) \le s(y) = e(S_j, y)$$

を満たすから $\sum_{i \in S_j} x_i \ge \sum_{i \in S_j} y_i$ が成り立つ．これらの不等式に各平衡集合に対応する重みをかけて辺々加えると，$\sum_{i \in N} x_i \ge \sum_{i \in N} y_i$ を得る．しかしながら，これは等号で成立しなければならないので $e(S_j, x) = e(S_j, y), j = 1, 2, \cdots, k$ が成り立つ．ゆえに $s(x) = s(y)$ かつ $\Gamma \subset D(x, v)$ でなければならない．この事実から，

$$\sum_{i \in S} x_i = \sum_{i \in S} y_i \text{ かつ } \sum_{i \in N \setminus S} x_i = \sum_{i \in N \setminus S} y_i$$

を満たす $S \in D(x, v) \cap D(y, v)$ が存在することが導かれる．

したがって補題 3.6 より，

$$(S, v^x) = (S, v^y) \text{ かつ } (N \setminus S, v^x) = (N \setminus S, v^y)$$

が成り立つ．

第 1 章の定理 1.7，定理 1.18 より凸ゲームにおいてカーネルはコアに含まれるので $x, y \in \mathcal{C}(N, v)$ であるから，補題 3.4 より，(S, v^x) も $(N \setminus S, v^x)$ も凸ゲームである．帰納法の仮定から $(S, v^x) = (S, v^y)$ のプレカーネルは 1 点であるし，$(N \setminus S, v^x) = (N \setminus S, v^y)$ のプレカーネルも 1 点である．プレカーネルはマックス縮小ゲーム整合性を満たすので $x_S \in \mathcal{K}^*(S, v^x)$, $y_S \in \mathcal{K}^*(S, v^y) = \mathcal{K}^*(S, v^x)$ が成り立つから $x_S = y_S$，同様に $x_{N \setminus S} = y_{N \setminus S}$ が成り立たなければならない．したがって $x = y$ である．これでステップ 3 が証明された．

プレカーネルは 1 点でプレ仁を含んでいるのでプレカーネルとプレ仁は一致しなければならない． □

第4章 戦略形協力ゲーム

4.1 提携を許す戦略形ゲーム

戦略形ゲームが $G = (N, \{X_i\}_{i \in N}, \{u_i\}_{i \in N})$ のように与えられているとしよう．ここに，N はプレイヤーの有限集合，X_i はプレイヤー i の純粋戦略の集合で，コンパクト凸集合であるとする．また，u_i はプレイヤー i の連続な利得関数である．任意の提携 S に対して，$X_S = \Pi_{i \in S} X_i$ と定義し，$X = X_N$ とおく．また，自分自身のみからなる提携 $\{i\}$ は，そのまま i と書くことがある．

X_S は，提携 S がとりうる結合純粋戦略の全体である．提携を許す戦略形ゲームを考察することにより，提携内でどのような合意がなされ，どのような結合戦略が解として成立しうるのか，あるいは，提携が形成されないのはどのような場合か，などについて分析することができる．この章では，強ナッシュ均衡（strong Nash equilibrium），結託耐性ナッシュ均衡（coalition-proof Nash equilibrium），および戦略形でのコア概念である α-コア，β-コア（α-core, β-core），自己拘束的結合戦略（self-binding strategies）などについて考察する．

4.2 強ナッシュ均衡

まず，任意の戦略の組 $x \in X$ と $y \in X$，および，任意の提携 $T \subseteq N$ について，記号 $(x_T, y_{N \setminus T})$ で T のプレイヤー i は x_i，$N \setminus T$ のプレイヤー i は y_i を選んでいる戦略の組を表す．ここでもし，$T = N$ ならば $(x_T, y_{N \setminus T}) = x$，

$T = \emptyset$ ならば $(x_T, y_{N\setminus T}) = y$ と定義しておこう．また，ベクトル $f \in \Re^N$ と提携 $S \subseteq N$ に対しては，$(f_i)_{i \in S}$ を f_S と表す．本章では，ベクトルの不等号は成分ごとの大小と同じ記号を用いる．つまり，$f_i \geq g_i \quad \forall i$ ならば $f \geq g$，$f_i > g_i \quad \forall i$ ならば $f > g$，また，$f \geq g, f \neq g$ の場合はそのとおりに書く．

定義 4.1. $x \in X$ を戦略の組，$S \subseteq N$ を提携とする．このとき，S が x において離反戦略（deviation）$y_S \in X_S$ をもつとは，

$$u_S(y_S, x_{N\setminus S}) > u_S(x)$$

であることをいう．

提携が離反を企てる場合，提携内での合意が必要であるが，この定義はそれを前提としていることに注意する．

定義 4.2. 戦略の組 $x \in X$ が**強ナッシュ均衡**（strong Nash equilibrium）であるとは，いかなる提携 $S \subseteq N$ も x において離反戦略をもたないことをいう．

強ナッシュ均衡は，提携を許すゲームへのナッシュ均衡の自然な拡張であり，Aumann [3] によって定義された．戦略の組が弱パレート最適[1]でなければ，提携 N が離反戦略をもつので，強ナッシュ均衡は弱パレート最適であることがわかる．しかし，ナッシュ均衡と異なり，強ナッシュ均衡は，たとえば Ichiishi [37] の十分条件が示すように，容易に存在するわけではない．強ナッシュ均衡が存在するゲームとしては，たとえば，Kalai, Postlewaite and Roberts [39], Peleg [63], Greenberg and Weber [27], Nishihara [58] あるいは，Hirai, Masuzawa and Nakayama [34] などがある．以下では，まず，強ナッシュ均衡に言及している3つのゲームを考察する．最初の2つは強ナッシュ均衡が例外的な場合に得られることを示す例であり，もう1つは，制約された強ナッシュ均衡が純粋交換経済のコアと一致することを示す例である．

---

[1] 戦略の組 x が与える利得ベクトル $u(x)$ に対し，$w_N > u_N(x)$ となる利得ベクトル w を与える戦略が存在しないとき，x は弱パレート最適である，という．

4.2.1 公共財の自発的費用分担

次のような公共財供給ゲーム G を考えよう．各プレイヤー $i \in N$ の戦略 $x_i \in X_i := [0, m_i]$ は公共財への自発的費用負担額であり，利得は

$$u_i(x) = v_i\left(\sum_{j \in N} x_j,\ m_i - x_i\right)$$

で与えられる．ここに，v_i は，連続かつ単調な増加関数であるとする．自分の負担額を固定したとき，各人の自発的負担額の増加にともなって公共財供給量も増加し，自分の利得も上昇することに注意しよう．すると，次の命題が成立する．

命題 4.1. 戦略の組 x^* はナッシュ均衡であるとする．このとき，すべての i について $x_i^* = m_i$ ならば，x^* は強ナッシュ均衡である．

この命題は強ナッシュ均衡のための十分条件を与えてはいるが，この条件が成立するのは例外的なケースである．すべてのプレイヤーが予算のすべてを公共財に費やしているようなナッシュ均衡があるとは考えにくいからである．

上の命題の証明には，次の補題を使う．

補題 4.1. 戦略の組 $x^* \in X$ をナッシュ均衡とし，ある $i \in N$ について，$u_i(x) > u_i(x^*)$ となる $x \in X$ が存在するとしよう．すると，$\sum_{j \neq i} x_j > \sum_{j \neq i} x_j^*$ である．

証明. $\sum_{j \neq i} x_j \leq \sum_{j \neq i} x_j^*$ であると仮定すると，効用関数の単調性から

$$v_i\left(\sum_{j \neq i} x_j^* + x_i, m_i - x_i\right) \geq v_i\left(\sum_{j \neq i} x_j + x_i, m_i - x_i\right)$$
$$> v_i\left(\sum_{j \in N} x_j^*, m_i - x_i^*\right).$$

これは，x^* がナッシュ均衡であることに反する． □

さて，命題 4.1 の証明を述べよう．

証明． 戦略の組 x^* が強ナッシュ均衡ではないとすると，ある提携 $S \subseteq N$, $|S| > 1$ と，戦略 $x_S \in X_S$ が存在して，$u_S(x_S, x^*_{N\setminus S}) > u_S(x^*)$ となる．そこで，$\bar{x} = (x_S, x^*_{N\setminus S}) \in X$ とし，任意の $i \in S$ をとれば，補題から

$$\sum_{j \neq i} \bar{x}_j = \sum_{j \notin S} x^*_j + \sum_{j \in S\setminus\{i\}} x_j$$
$$> \sum_{j \neq i} x^*_j$$
$$= \sum_{j \notin S} x^*_j + \sum_{j \in S\setminus\{i\}} x^*_j$$

ゆえに

$$\sum_{j \in S\setminus\{i\}} x_j > \sum_{j \in S\setminus\{i\}} x^*_j = \sum_{j \in S\setminus\{i\}} m_j$$

となるが，$x_S \in X_S$ であるから，これは不可能である． □

もし x^* が弱パレート最適でないならば，ある弱パレート最適な $x \in X$ に対して補題の不等式が成り立つ．すると，この両辺をすべての $i \in N$ について加えることにより，ナッシュ均衡における負担額の総和は，弱パレート最適なレベルには達しないことがわかる．

4.2.2 純粋交換ゲーム

Scarf の純粋交換ゲームとして知られるゲームは，第 2 章で述べた純粋交換経済 $\mathcal{E}$ の上で定義される戦略形ゲームである (Scarf [69])．

各プレイヤー $i \in N$ は $w_i = (w_i^1, \cdots, w_i^m) \in \mathbb{R}^m_+$ で表される財ベクトルをもっている．提携 $S \subseteq N$ が形成されれば，S 内で交換しあうことにより，各メンバー $i \in S$ は，配分 $y_i = (y_i^1, \cdots, y_i^m) \in \mathbb{R}^m_+$ を達成することができる．ただし，y_i は

$$\sum_{i \in S} y_i^h = \sum_{i \in S} w_i^h, \ h = 1, \cdots, m$$

を満たす.つまり,配分 $y = (y_1, \cdots, y_n) \in \mathbb{R}_+^{nm}$ はすでに定義した S-配分にほかならない.各プレイヤー i の利得は,S-配分 y における i への配分 y_i に対して,連続で準凹な狭義単調増加関数 v_i によって $v_i(y_i)$ と与えられる.

この純粋交換経済 $\mathcal{E}$ の上で,次のような戦略形ゲームを定義する.各プレイヤー $i \in N$ に対し,戦略の集合 X_i を

$$X_i = \{x_i \in \mathbb{R}^{nm} \mid x_i = (x_{i1}, \cdots, x_{in}),$$
$$x_{ij} = (x_{ij}^1, \cdots, x_{ij}^m); \sum_{j \in N} x_{ij}^h = w_i^h, \ h = 1, \cdots, m\}$$

と与える.これは,プレイヤー i が,自分の初期保有財について,誰に何をどれだけ移転するかを記述する移転ベクトルの全体にほかならない.純粋交換ゲームとは,次のような N-配分を与える成果関数 g をもつ戦略形ゲーム $G = (N, \{X_i\}, \{u_i\})$ である.

$$g(x) = \begin{cases} \left(\sum_{j \in N} x_{j1}, \cdots, \sum_{j \in N} x_{jn}\right), & (\cdot) \in \mathbb{R}_+^{nm} \text{のとき,} \\ w, & \text{そうでないとき.} \end{cases}$$

プレイヤー i の利得関数 u_i は

$$u_i(x) = v_i(g(x)_i)$$

で与えられる.ただし,$g(x)_i$ は $g(x)$ の第 i 成分である.

上で定義した成果関数は常に N-配分を与える.なぜなら

$$\sum_{i \in N} \sum_{j \in N} x_{ji} = \sum_{j \in N} \sum_{i \in N} x_{ji} = \sum_{j \in N} w_j$$

だからである.また,Scarf が定義したゲームでは,戦略は非負であることが仮定されているが,ここではこれを仮定していないことに注意する.つまり,負の移転をも許しているのであるが,これはあとの分析で必要となる仮定である.

その分析に入る前に,戦略が非負であるという Scarf のモデルによって,こ

の純粋交換ゲームの強ナッシュ均衡を考察してみよう．公共財の費用負担ゲームでもそうであるが，純粋交換ゲームにおいても以下に示すように，強ナッシュ均衡の存在は例外的な場合に限られる．

命題 4.2. 純粋交換ゲーム G において，すべての $i \in N$ について戦略は非負ベクトル，すなわち $X_i \subseteq \mathbb{R}_+^{mn}$ であると仮定する．このとき，$x_{ii}^* = w_i \ \forall i \in N$ を満たす戦略の組 x^* が強ナッシュ均衡であるためには，x^* が弱パレート最適となっていることが必要十分である．

証明. 強ナッシュ均衡は，定義によって弱パレート最適であるから，逆を示そう．弱パレート最適な戦略の組 x^* が，強ナッシュ均衡でなければ，ある真部分集合 $S \subsetneq N$ は，

$$u_i(z_S, x_{N\setminus S}^*) > u_i(x^*) = v_i(w_i) \ \forall i \in S$$

を満たす戦略 $z_S \in X_S$ をもつ．効用関数 v_i の狭義単調性から，z_S は $z_{ij} = 0 \ \forall i \in S, \forall j \in N \setminus S$ を満たすと仮定することができる．ゆえに，

$$u_j(z_S, x_{N\setminus S}^*) = u_j(x^*) = v_j(w_j) \ \forall j \in N \setminus S.$$

すると，v_i の連続性と狭義単調性により，z_S の近傍から適当に $y_S \in X_S$ をとって，

$$u_i(y_S, x_{N\setminus S}^*) > u_i(x^*) = v_i(w_i) \ \forall i \in N$$

が成立するようにできる．これは，x^* が弱パレート最適であることに矛盾する． □

効用関数 v_i の単調性から，x^* は唯一のナッシュ均衡なので，強ナッシュ均衡も存在すればただ1つであることがわかる．

このように，純粋交換ゲームの強ナッシュ均衡は，初期保有の状態がすでに弱パレート最適であるという，むしろ例外的な場合にのみ存在する．それゆえ，この命題は強ナッシュ均衡によっては，財の交換が決して行われないこと

4.2.3 規制強ナッシュ均衡

戦略的純粋交換ゲームの強ナッシュ均衡は，たかだか初期状態を記述するだけであるが，協力ゲームの解であるコアは，純粋交換経済の競争均衡配分をはじめとするパレート最適な配分を実現することは第2章でも述べたようによく知られた事実である．

純粋交換経済におけるコア $C(\mathcal{E})$ とは，いかなる提携 S によっても改善されない N-配分の全体である．すなわち，

$$v_i(y_i) > v_i(y_i^*) \quad \forall i \in S$$

を満たす S-配分 y が存在しないような N-配分 y^* の集合である．

このように，コアと強ナッシュ均衡は，一見して類似した解ではあるが，財の交換に関してはまったく異なる結果を記述する．しかし，以下に示すように，離反に一定の制約を課すことにより，コアに属する配分およびそれだけを均衡戦略によって実現することができる．

負の移転も許す純粋交換ゲーム G に戻って，まず，**許容離反**という制限された離反を定義する．すなわち，任意の提携 S について，S の離反はそれが $N \setminus S$ からの移転を相殺しているものである限りにおいて許されるという規制である．さらに，この条件を満たさない離反は無視されるものとしよう．このゲームでは，どの提携も普通，提携の外と財の交換をしていると考えてよい．そこで，現状から離反して提携内の利得を高めようとする以上は，外からの移転にフリーライドすることは許されない，というのがこの規制の趣旨であり，この意味でアンフェアな行動を禁ずるものである．

このルールのもとでは，どのような離反も次の条件を満たす**許容離反**でなければならない．

定義 4.3. 任意の戦略の組 $\bar{x} \in X$ と，任意の提携 $S \subseteq N$ が与えられたとき，
(1) $u_S(x_S, \bar{x}_{N \setminus S}) > u_S(\bar{x})$
(2) $\sum_{i \in S} \sum_{j \in N \setminus S} x_{ij}^h = \sum_{i \in S} \sum_{j \in N \setminus S} \bar{x}_{ji}^h, \quad h = 1, \cdots, m$

を満たす $x_S \in X_S$ を，$\bar{x}$ における S の許容離反という．

　戦略の組 $x^* \in X$ において，どの提携も許容離反をもたないとき，x^* を規制強ナッシュ均衡，あるいは単に規制強均衡と呼ぼう．離反が制限されているので，規制強均衡は強ナッシュ均衡よりも存在しやすくなる．実際，以下に定義するこの経済のコア配分の全体は，規制強均衡によって正確に達成されるので，よく知られたコアの存在が規制強均衡の存在を保証する．

定理 4.1. 純粋交換経済 $\mathcal{E}$ のコア $C(\mathcal{E})$ は，ゲーム G の規制強均衡で達成される N-配分の全体に一致する．

　証明の前に，まず，次の事実を確認しておく．

補題 4.2. $S \subseteq N$ を任意の提携，$\tilde{x} \in X$ を任意の戦略の組，$y \in Y$ を任意の N-配分とする．このとき，すべての $i \in S$, $j \in N$ および $h = 1, \cdots, m$ について

$$x_{ij}^h = \frac{w_i^h}{\sum_{i \in S} w_i^h} \left(y_j^h - \sum_{k \in N \setminus S} \tilde{x}_{kj}^h \right)$$

と定義された x_S は次の3条件を満たす：
(1) $x_S \in X_S$,
(2) $\forall j \in N$, $\sum_{i \in S} x_{ij}^h = y_j^h - \sum_{k \in N \setminus S} \tilde{x}_{kj}^h$, $h = 1, \cdots, m$,
(3) もし，x_S が $\tilde{x} \in X$ における離反で y が S-配分ならば，x_S は許容離反である，すなわち，

$$\sum_{i \in S} \sum_{j \in N \setminus S} x_{ij}^h = \sum_{i \in S} \sum_{j \in N \setminus S} \tilde{x}_{ji}^h, \quad h = 1, \cdots, m.$$

証明．
　(1) まず，y は N-配分だから，単純計算によって

$$\sum_{j \in N} x_{ij}^h = \frac{w_i^h}{\sum_{i \in S} w_i^h} \left(\sum_{j \in N} y_j^h - \sum_{j \in N} \sum_{k \in N \setminus S} \tilde{x}_{kj}^h \right)$$

$$= \frac{w_i^h}{\sum_{i \in S} w_i^h} \left(\sum_{i \in N} w_i^h - \sum_{i \in N \setminus S} w_i^h \right)$$

$$= w_i^h, \quad h = 1, \cdots, m$$

となる.

(2) そのまま計算すればよい.

(3) このとき, y は $(N \setminus S)$-配分でもあるから,

$$\sum_{i \in S} \sum_{j \in N \setminus S} x_{ij}^h = \sum_{i \in S} \frac{w_i^h}{\sum_{i \in S} w_i^h} \left(\sum_{j \in N \setminus S} y_j^h - \sum_{j \in N \setminus S} \sum_{k \in N \setminus S} \tilde{x}_{kj}^h \right)$$

$$= \frac{\sum_{i \in S} w_i^h}{\sum_{i \in S} w_i^h} \left(\sum_{j \in N \setminus S} w_j^h - \left(\sum_{k \in N \setminus S} w_k^h - \sum_{j \in S} \sum_{k \in N \setminus S} \tilde{x}_{kj}^h \right) \right)$$

$$= \sum_{j \in S} \sum_{k \in N \setminus S} \tilde{x}_{kj}^h, \quad h = 1, \cdots, m. \qquad \Box$$

これを用いて, 定理を証明する.

証明. 戦略の組 $x^* \in X$ は, 規制強均衡ではないとする. すると, ある $S \subseteq N$ は x^* において許容離反 $x_S \in X_S$ をもつ. まず, 配分 $g(x_S, x^*_{N \setminus S})$ は S-配分であることを示す. 離反 x_S は当然 $x_S \in X_S$ だから,

$$\sum_{i \in S} \sum_{j \in S} x_{ij}^h + \sum_{i \in S} \sum_{k \in N \setminus S} x_{ik}^h = \sum_{i \in S} w_i^h, \quad h = 1, \cdots, m$$

を満たす. ところが, 許容離反の定義とこの等式から,

$$\sum_{i \in S}\sum_{j \in S} x_{ij}^h + \sum_{k \in N\setminus S}\sum_{j \in S} x_{kj}^{h*} = \sum_{j \in S} w_j^h, \quad h = 1, \cdots, m.$$

しかし，これは，$g(x_S, x_{N\setminus S}^*)$ が S-配分であることを意味するので，配分 $g(x^*)$ は S-配分 $g(x_S, x_{N\setminus S}^*)$ により改善されることを示している．

次に，逆を示そう．y^* をコアに属さない N-配分であるとする．すると，ある $S \subseteq N$ について，ある S-配分 y は y^* を改善する．いま，$x^* \in X$ を，$g(x^*) = y^*$ であるような戦略の組とし，各 $i \in S$ と $j \in N$ に対し，x_{ij}^h を

$$x_{ij}^h = \frac{w_i^h}{\sum_{i \in S} w_i^h}\left(y_j^h - \sum_{k \in N\setminus S} x_{kj}^{*h}\right)$$

と定義する．すると，補題によって，$\tilde{x} = x^*$ とみなせば，この x_S は $g(x_S, x_{N\setminus S}^*) = y$ を満たす S の許容離反であることがわかる．ゆえに，戦略の組 x^* は規制強均衡ではない． □

強ナッシュ均衡にはいかなる離反も存在しないので，当然，許容離反も存在しない．よって，

系 4.1. 強ナッシュ均衡は，コアの中の配分を達成する．

4.3 結託耐性ナッシュ均衡

強ナッシュ均衡は，いかなる離反戦略も許さない戦略の組であるが，離反戦略の範囲を内生的に制限して強ナッシュ均衡より弱い均衡概念を定義する試みがある．これが，以下に述べる結託耐性（をもつ）ナッシュ均衡 (coalition-proof Nash equilibrium) である．Bernheim et al. [13] による正式な定義は，次のように幾分複雑であるが，後でそれが離反戦略を制限して得られる均衡概念であることを直接に示す定理を述べよう．

また，強ナッシュ均衡では，離反にはプレイヤー間での合意が前提となっていたが，結託耐性をもつナッシュ均衡は，そのような前提なしでは一般に離

反は成功しないことを定式化したものである．その意味では，非協力解であるが，強ナッシュ均衡やコアとの関連を考慮して，ここに述べることにする．

戦略の組 $x \in X$ と，提携 S に対して，$G \mid x_{N \setminus S}$ によって $x_{N \setminus S}$ を固定して得られる部分ゲーム $G' = (S, \{X_i\}_{i \in S}, \{u_i\}_{i \in S})$ を表す．ただし，$S = N$ に対しては，部分ゲーム G' は元のゲーム G を意味するものとしよう．

定義 4.4. $x \in X$ を任意に与えられた戦略の組とする．
(1) 各 $i \in N$ について，x_i が部分ゲーム $G \mid x_{N \setminus \{i\}}$ において結託耐性をもつ (coalition-proof) とは，

$$\forall y_i \in X_i, \ u_i(x) \geq u_i(y_i, x_{N \setminus \{i\}})$$

であることをいう．

(2) 各提携 $S \subseteq N$（ただし，$1 \leq |S| < m$）に対し，x_S が部分ゲーム $G \mid x_{N \setminus S}$ において結託耐性をもつ，ということが定義されたとしよう．このとき，各提携 $S \subseteq N$（ただし，$|S| = m$）について，
  (a) x_S が部分ゲーム $G \mid x_{N \setminus S}$ において**自己強制的** (self-enforcing) であるとは，S のすべての真部分集合 $T \subsetneq S$ に対し，x_T は $G \mid x_{N \setminus T}$ において結託耐性をもつことをいう；
  (b) x_S が $G \mid x_{N \setminus S}$ で結託耐性をもつとは，x_S は $G \mid x_{N \setminus S}$ において自己強制的であって，しかも $\forall i \in S, \ u_i(y_S, x_{N \setminus S}) > u_i(x)$ を満たすような，$G \mid x_{N \setminus S}$ における自己強制的な $y_S \in X_S$ が存在しないことをいう．

戦略の組 $x \in X$ が結託耐性をもつとは，x が G において結託耐性をもつことをいう．

次の 3 人ゲームにこの定義を適用してみよう．

例 4.1. このゲームでは，プレイヤー A は戦略 A_1, A_2，プレイヤー B は B_1, B_2，プレイヤー C は左の行列 C_1，または右の行列 C_2 を戦略として選ぶ．

	C_1°			C_2^*	
	B_1	B_2°		B_1^*	B_2
A_1	$1,1,-5$	$-5,-5,0$	A_1^*	$-1,-1,5$	$-5,-5,0$
A_2°	$x,-5,0$	$0,0,10$	A_2	$-5,-5,0$	$-2,-2,0$

$x = -5$ の場合：(A_2, B_2, C_1) は，容易にわかるようにナッシュ均衡である．しかし，結託耐性はもたないことが次のようにして確かめられる．C_1 を固定し，部分ゲーム $G \mid C_1$ を考えると，(A_2, B_2) はナッシュ均衡であるから，$G \mid C_1$ において自己強制的である．しかし，(A_1, B_1) も同じ部分ゲームでナッシュ均衡であり，しかも，プレイヤー A, B 両者にとってより良いナッシュ均衡であるから，(A_2, B_2) は，$G \mid C_1$ において結託耐性をもたない．それゆえ，(A_2, B_2, C_1) は自己強制的ではないので，結託耐性をもたない．これに対し，ナッシュ均衡 (A_1, B_1, C_2) は結託耐性をもつ．

$x = 2$ の場合：(A_2, B_2, C_1) は今度は，結託耐性ナッシュ均衡であるが，(A_1, B_1, C_2) はそうではない．部分ゲーム $G \mid C_1$ において (A_2, B_2) は自己強制的であるが，(A_1, B_1) は自己強制的ではない．それは，この部分ゲームにおいて (A_1, B_1) はもはやナッシュ均衡ではないからである．したがって，(A_2, B_2) は結託耐性をもつことになる．というのは，これを支配する自己強制的な戦略対は，この部分ゲーム $G \mid C_1$ には存在しないからである．同様にして，(A_2, C_1)，(B_2, C_1) についてもその結託耐性を確かめることができるので，(A_2, B_2, C_1) は自己強制的となる．さらに，これを支配する戦略の組 (x_A, x_B, x_C) は存在しないので，当然，自己強制的でしかも支配する戦略の組も存在しない．ゆえに，(A_2, B_2, C_1) は結託耐性ナッシュ均衡となる．

このように，結託耐性ナッシュ均衡は，結託耐性と自己強制的戦略という概念が互いに再帰的に他を定義している構造となって成立しているので，多少，複雑な印象を与える．これを，ある種の離反だけを許さないという，より直観的で意味のわかりやすい形に書き換えてみよう．

定義 4.5. $S \subseteq N$ を空でない任意の提携, $x \in X$ を与えられた任意の戦略の組とする. このとき, S が x において**確定的離反戦略** $y_S \in X_S$ をもつとは, y_S が x における離反戦略であって, しかも, S のどのような真部分集合 $T \subsetneq S$ も $(y_S, x_{N \setminus S})$ において**確定的離反戦略**をもたないことをいう.

この定義も再帰的であることに注意しよう. まず, $S = \{i\}$ のときは, S の真部分集合は空集合以外に存在しないので, x における i のどのような離反も確定的である. これを出発点として, $|S| > 1$ の場合の定義が $|S| = 2$ の場合から順に再帰的に完成する.

こうして, **確定的離反戦略**とは, 離反戦略の中でも, それが実行されるとさらなる離反は実行されないという離反を定式化したものにほかならない. 確定的離反が可能な場合は, その提携内の合意は, この意味において自己拘束的になると考えることができる.

次の定理によって, 結託耐性ナッシュ均衡を, 確定的離反の存在しないナッシュ均衡として定義することができる.

定理 4.2. 戦略の組 $x \in X$ が与えられている. このとき, 任意の提携 $S \subseteq N$ について, $x_S \in X_S$ が部分ゲーム $G \mid x_{N \setminus S}$ において結託耐性ナッシュ均衡であるとは, 任意の部分提携 $T \subseteq S$ が, 部分ゲーム $G \mid x_{N \setminus S}$ において x で確定的離反戦略をもたないことである. とくに, x が G の結託耐性ナッシュ均衡であるとは, いかなる部分集合 $T \subseteq N$ も, x において確定的離反戦略をもたないことである.

証明. $S = \{i\}$ のときは, i が部分ゲーム $G \mid x_{N \setminus \{i\}}$ において離反戦略をもたないことと, 確定的離反戦略をもたないことは同値であり, 離反戦略をもたないことと, 結託耐性をもつこととは同値であるから, 定理の主張が成立する.

そこで, $|S| = m > 1$ とし, $|S| < m$ なる任意の S については, 定理の主張が成立していると仮定する.

(必要性) ある $T \subseteq S$ が, 部分ゲーム $G \mid x_{N \setminus S}$ において x で確定的離反戦略 $y_T \in X_T$ をもつとしよう. すると, どのような真部分集合 $R \subsetneq T$ も

$(y_T, x_{N\setminus T})$ において確定的離反戦略をもたない．帰納法の仮定から，$R \subsetneq T$ を任意に固定すると，任意の $P \subseteq R$ は確定的離反戦略をもたないので y_R は部分ゲーム $G \mid (y_{T\setminus R}, x_{N\setminus T})$ において結託耐性ナッシュ均衡である．それゆえ，定義4.5によって，y_T は部分ゲーム $G \mid x_{N\setminus T}$ において自己強制的となる．一方，y_T は x での確定的離反戦略であったから，

$$u_i(y_T, x_{N\setminus T}) > u_i(x), \quad \forall i \in T.$$

ゆえに，x_T は部分ゲーム $G \mid x_{N\setminus T}$ において，結託耐性ナッシュ均衡ではないので x_S は部分ゲーム $G \mid x_{N\setminus S}$ において自己強制的ではない．こうして，x_S は部分ゲーム $G \mid x_{N\setminus S}$ において，結託耐性ナッシュ均衡ではない．

（十分性）部分ゲーム $G \mid x_{N\setminus S}$ において，x_S は結託耐性をもたないとしよう．もし，x_S が $G \mid x_{N\setminus S}$ において自己強制的でなければ，定義から，ある $T \subsetneq S$ に対し，x_T は部分ゲーム $G \mid x_{N\setminus T}$ において結託耐性をもたない．それゆえ，帰納法の仮定から，ある $R \subseteq T$ は部分ゲーム $G \mid x_{N\setminus T}$ において x で確定的離反戦略をもつ．ゆえに，部分ゲーム $G \mid x_{N\setminus S}$ において，ある $R \subseteq S$ は x で確定的離反戦略をもつことがわかる．他方，もし x_S が自己強制的だったら，定義から，

$$u_i(y_S, x_{N\setminus S}) > u_i(x), \quad \forall i \in S,$$

を満たす他の自己強制的な $y_S \in X_S$ が存在する．ゆえに，すべての $T \subsetneq S$ について y_T は部分ゲーム $G \mid (y_{S\setminus T}, x_{N\setminus S})$ において結託耐性をもつ．すると，帰納法の仮定から，どの $T' \subseteq T$ も，とくに $T' = T$ も部分ゲーム $G \mid (y_{S\setminus T}, x_{N\setminus S})$ において確定的離反戦略をもたない．これがすべての $T \subsetneq S$ について成立するので，部分ゲーム $G \mid x_{N\setminus S}$ において，y_S は x における確定的離反戦略である． □

この結果を早速応用してみよう．

系 **4.2.** 強ナッシュ均衡は，結託耐性をもつ．

証明. 強ナッシュ均衡においては，いかなる離反戦略も存在しないので，確定的離反戦略も存在しない． □

系 4.3. 戦略の組 $x \in X$ において，$S \subseteq N$ は確定的離反戦略をもつとする．このとき，部分ゲーム $G \mid x_{N \setminus S}$ において結託耐性ナッシュ均衡が存在する．

証明. 戦略 $y_S \in X_S$ を，S において他のいかなる確定的離反戦略にも支配されない確定的離反戦略としよう．すると，どのような部分集合 $T \subsetneq S$ も，$G \mid x_{N \setminus S}$ において確定的離反戦略をもたない．ゆえに上の定理から，y_S は部分ゲーム $G \mid x^{N \setminus S}$ において結託耐性をもつ． □

この結果は，$S = N$ または $|S| = 1$ のときは自明なことを述べているにすぎない．それ以外の S についても，その結託耐性ナッシュ均衡は，戦略の組 x に依存して決まるある部分ゲーム $G \mid x_{N \setminus S}$ での均衡であることに注意する．本来の，すなわち，ゲーム G の結託耐性ナッシュ均衡の普遍的な存在定理は知られていない．しかし，次のような特殊なケースでは，通常のナッシュ均衡が結託耐性をもつ．

定理 4.3. 戦略の組 $x \in X$ が与えられたとき，N の空でない任意の部分集合 $S \subseteq N$ について，部分ゲーム $G \mid x_{N \setminus S}$ は唯一のナッシュ均衡をもつとすると，x は G の結託耐性ナッシュ均衡である．

証明. まず，x は G の唯一のナッシュ均衡である．また，いかなる部分集合 $S \subseteq N$ も x において確定的離反戦略をもたない．実際，任意の $y_S \neq x_S$ をとり，これが x における離反戦略だったとすると，仮定によって y_S は部分ゲーム $G \mid x_{N \setminus S}$ でのナッシュ均衡ではない．したがって，あるプレイヤー $i \in S$ は $(y_S, x_{N \setminus S})$ において確定的離反戦略をもつので，y_S は確定的ではありえない．こうして，N 自身を含むすべての部分集合は x において確定的離反戦略をもたないので，x は結託耐性ナッシュ均衡である． □

この定理が適用できる典型的な例は，次節に示す寡占モデルであるが，その前に，以前に述べた純粋交換ゲームに適用してみると面白いことがわかる．Scarfの純粋交換ゲーム $G = (N, \{X_i\}, \{u_i\})$ とは，次のように定義される戦略形ゲームであった．

$$X_i = \left\{ x_i = (x_{i1}, \cdots, x_{in}) \mid \sum_{j \in N} x_{ij} = \omega_i, \text{ and } \forall j \in N, x_{ij} \in \mathbb{R}^m_+ \right\}$$

$$u_i(x) = v_i \left(\sum_{j \in N} x_{ji} \right),$$

ただし，関数 v_i は連続，準凹で $\sum_{j \in N} x_{ji}$ について狭義単調増加．

系 4.4. 純粋交換ゲーム G において，戦略の組 $x^* = (x_1^*, \cdots, x_n^*)$，ただし $x_{ii}^* = \omega_i \ \forall i \in N$，は唯一の結託耐性ナッシュ均衡である．

証明． 任意の空でない $S \subseteq N$ に対し，部分ゲーム $G \mid x_{N \setminus S}^*$ のナッシュ均衡は $x_S^* = (x_i^*)_{i \in S}$ のみである．これがナッシュ均衡であることは明らか．また，唯一であることは，任意の $x \in X$ をとったとき，あるメンバー $i \in N$ について，$x_{ii} \leq w_i$，$x_{ii} \neq w_i$ だったら，狭義単調性の仮定より，

$$u_i(x_i^*, x_{N \setminus \{i\}}) > u_i(x)$$

となるので，いかなる $x \neq x^*$ も G のナッシュ均衡ではありえない．これがすべての部分ゲーム $G \mid x_{N \setminus S}^*$ において成り立つことからわかる． □

初期状態から離脱するには，少なくとも2人のプレイヤーが財を交換しなければならない．しかし，交換の合意の後，1人が財をもらうだけで，何も相手に渡さないという戦略に変更できることを考慮すれば，その交換はそもそも成立しないだろう．つまり，初期状態からのいかなる離脱も失敗するのである．こうして，初期状態のみが結託耐性ナッシュ均衡となる．

このように，合意に違反しても報復がなければ，取引は成立しない．交換が

4.3.1 寡占市場ゲーム

次のような戦略形ゲーム $G = (N, \{X_i\}_{i \in N}, \{\pi_i\}_{i \in N})$ を，寡占市場ゲームと呼ぶことにしよう．N は同質な財を生産する n 個の企業の集合，$X_i = [0, L]$ は各企業 i の生産量の集合，π_i は，企業 i の利潤関数で，以下のように与えられる：

$$\pi_i(q_1, \cdots, q_n) = P\left(q_i + \sum_{j \neq i} q_j\right) q_i - c_i(q_i)$$

ただし，$P(q)$ は市場価格を与える逆需要関数，$q_i \in X_i$ は企業 i の生産量，そして $c_i(q)$ は費用関数で，これらは次の仮定を満たすとする：

(1) $P(q)$ は $q > 0$ において連続，かつ $(0, L)$ において 2 階連続微分可能で，
   (a) $P(q) > 0$, $P'(q) < 0$, $P''(q) \leq 0$, $\forall q \in (0, L)$,
   (b) $P(q) = 0$, $\forall q \geq L$.
(2) $c_i(q)$ は 2 階連続微分可能で，$c_i'(q) > 0$, $c_i''(q) \geq 0$, $\forall q > 0$.
(3) $\lim_{q \to 0} c_i'(q) < \lim_{q \to 0} P(q)$.

このように，逆需要関数 P は右下がりの凹関数，費用関数は右上がりの凸関数である．また，L 以上の供給量に対しては，価格はゼロ，さらに，どの企業も単独ならば必ず供給することが仮定されており，これらはいずれも標準的な仮定である．

定理 4.4. 寡占市場ゲーム G は結託耐性ナッシュ均衡をもつ．

証明． 寡占市場ゲーム G が唯一のナッシュ均衡 q_N^* をもつならば，これを任意の空でない真部分集合 S へ制限したものを q_S^* とすると，これは，π_i の定義から部分ゲーム $G \mid q_{N \setminus S}^*$ における唯一のナッシュ均衡であることが，以下と

同様の論法により証明できる．それゆえ，上の定理によって結託耐性ナッシュ均衡が存在する．

さて，このゲームが唯一のナッシュ均衡をもつことの証明は，やや長くなるが，重要なので以下に述べよう．

まず，ある i について $q_i = L$ となるような $q_N = (q_1, \cdots, q_n)$ はナッシュ均衡ではないことに注意しよう．それは，

$$\pi_i(L, q_{-i}) = -c_i(L) < -c_i(0) = \pi_i(0, q_{-i})$$

だからである．ただし，$q_{-i} = q_{N \setminus \{i\}}$ である．

次に，π_i は各 i について強く凹であることが以下のように確かめることができる．$Q = \sum_{i \in N} q_i$ として，

$$\begin{aligned}\frac{\partial^2 \pi_i}{\partial q_i^2} &= \frac{\partial(P'(Q)q_i + P(Q) - c_i'(q_i))}{\partial q_i} \\ &= P''(Q)q_i + 2P'(Q) - c_i''(q_i) \\ &< 0.\end{aligned}$$

こうして，q_N がナッシュ均衡であるための必要十分条件は，各 $i \in N$ について，

$$P'(Q)q_i + P(Q) - c_i'(q_i) \leq 0 \text{ and } [P'(Q)q_i + P(Q) - c_i'(q_i)]q_i = 0 \quad (4.1)$$

であることがわかる．ここで，すべての $i \in N$ について $q_i = 0$，つまり，$Q = 0$ ではありえないことに注意しよう．仮定 (3) によって $Q = 0$ は上の式を満たさないからである．

さて，関数

$$f(Q) = \sum_{i \in N} f_i(Q)$$

を，次のように定義する．任意の $q_N = (q_1, \cdots, q_n)$ に対して，

$$P'(Q)f_i(Q) + P(Q) - c_i'(f_i(Q)) = 0, \quad \text{if } q_i > 0.$$

また，$q_i = 0$ ならば $f_i(Q) = 0$ とする．

この関数について，方程式

$$f(Q) = Q$$

を満たす解 Q^* を考える．(4.1) 式から，各 $i \in N$ について，$f_i(Q^*)$ は，q_{-i}^* に対する i の最適反応であるから，q_N^* はナッシュ均衡となる．そこで，以下では，上の方程式が実際，唯一の解をもつことを示そう．

まず，

$$f(L) = 0 \text{ and } f(0) > 0$$

である．これは，すべての $i \in N$ について

$$f_i(L) = 0 \text{ and } f_i(0) > 0$$

から従う．次に，f は連続微分可能で，$f(Q) > 0$ ならば $f'(Q) < 0$ である．実際，$f(Q) = \sum_{i \in N} f_i(Q)$ であり，ある $i \in N$ に対しては $f_i(Q) > 0$ で，しかも，このような任意の i については，

$$f_i'(Q) = -\frac{P''(Q) f_i(Q) + P'(Q)}{P'(Q) - c_i''(f_i(Q))} < 0$$

となるからである．

こうして，関数 f は $f(0) > 0$ から $f(L) = 0$ へ狭義に単調減少する連続関数であるから，区間 $[0, L]$ において，唯一の不動点 Q^*，つまり，$f(Q^*) = Q^*$ を満たす唯一の点 Q^* が存在する． □

4.4 コ ア

コア (core) は，もともと特性関数形の協力ゲームにおいて導入された，古典的かつ基本的な解概念であり，純粋交換経済の例でも示したように，経済学においても重要な役割を果たしている．ただ，定義からわかるように戦略形で与えられてはいないので，支配や改善などの提携行動の戦略的背景は必ずしも明確ではない．たとえば，支配行動をしている提携の外のプレイヤーが戦略を固定している，と考えるのが強ナッシュ均衡であった．Aumann and Peleg

[12] は，これとは異なり，提携外のプレイヤーは一致してその提携に対して敵対行動をするという考えのもとに，戦略形のゲームのコアを定義している．これが，以下に述べる α-コアと β-コアである．

4.4.1 $\boldsymbol{\alpha}$-コアと $\boldsymbol{\beta}$-コア

$G = (N, \{X_i\}_{i \in N}, \{u_i\}_{i \in N})$ で提携を許す戦略形ゲームを表し，S を N の非空な部分集合とする．また，$U(X)$ で実現可能な利得ベクトルの全体，つまり，

$$U(X) = \{\xi \in \mathbb{R}^N \mid \exists x \in X, u_N(x) \geq \xi\}$$

とする．

定義 4.6. 利得ベクトル $\xi \in \mathbb{R}^N$ が，提携 S を通じて，α-支配されるとは，

$$\exists x_S^* \in X_S, \ \forall x \in X, \ u_S(x_S^*, x_{N \setminus S}) > \xi_S$$

なることをいう．このような提携 S が少なくとも 1 つ存在するとき，$\xi \in \mathbb{R}^N$ は $\boldsymbol{\alpha}$-支配されるという．

すなわち，利得ベクトル $\xi \in \mathbb{R}^N$ が α-支配されるとは，ある提携 S がある戦略を選べば，いかなる場合にも ξ を支配できることを意味している．$S = N$ のときは，ξ が N を通じて，単に支配されることにほかならない．

定義 4.7. 利得ベクトル $\xi \in \mathbb{R}^N$ が，提携 S を通じて，β-支配されるとは，

$$\forall x \in X, \ \exists x_S^* \in X_S, \ u_S(x_S^*, x_{N \setminus S}) > \xi_S$$

なることをいう．このような提携 S が少なくとも 1 つ存在するとき，$\xi \in \mathbb{R}^N$ は $\boldsymbol{\beta}$-支配されるという．

このように，ξ が β-支配されるとは，ある提携 S が，$N \setminus S$ のいかなる戦略に対してもそれに応じてある戦略をとることにより，ξ を支配できることであ

る．α-支配とは異なることに注意しよう．ただし，利得ベクトル $\xi \in \mathbb{R}^N$ が S を通じて α-支配されるならば，S を通じて β-支配される．α-支配に用いた戦略をとっていればよいからである．

$S = N$ の場合は，α-支配と同様，ξ が N を通じて単に支配されることにほかならない．

定義 4.8. 戦略形ゲーム G の **α-コア**とは，α-支配されない利得ベクトル $\xi \in U(X)$ の集合である．

同様に，

定義 4.9. 戦略形ゲーム G の **β-コア**とは，β-支配されない利得ベクトル $\xi \in U(X)$ の集合である．

α-支配および β-支配の定義において，不等号 $>$ を弱い不等号 $\geq$ におきかえて，α-弱支配および β-弱支配を定義することができる．古典的には，これらはそれぞれ **α-有効**，および **β-有効**，という用語で定義されている．

集合 $V_\alpha(S)$, $V_\beta(S)$ で提携 S にとって α-有効な，あるいは β-有効な利得ベクトルの全体を各々表すと，$V_\alpha(\cdot)$, $V_\beta(\cdot)$ は NTU ゲームのそれぞれの有効性の意味における特性関数である．とくに，$V_\alpha(N) = V_\beta(N) = U(X)$ である．

$U(SE)$ を強ナッシュ均衡における利得ベクトルの全体とするとき，$U(SE) \subseteq \beta$-コア $\subseteq \alpha$-コアとなることも容易に確かめられる．

4.4.2 α-コアの存在

α-コアの存在は，次のように Scarf [69] によって証明されている．

定理 4.5. 各 $i \in N$ について，X_i はコンパクト凸集合，u_i は $x \in X$ について，連続かつ準凹であるとする．このとき，ゲーム G の α-コアは空でない．

証明． 多少，長くなるが，Scarf による証明を紹介しよう．

任意の $S \subseteq N$ に対し，この S が α-有効な利得ベクトルの集合 $V(S)$，すなわち $V(S) = V_\alpha(S)$ をとる．$V(N) = U(X)$ であることに注意する．Γ をこのNTU ゲームの任意の平衡集合族とし，その重みを $(\gamma_S)_{S \in \Gamma}$ とする．すると，NTU ゲームの Scarf の定理（定理 2.1）は，このゲームが平衡ゲームならばコアは空集合でないことを保証する．つまり，

$$\bigcap_{S \in \Gamma} V(S) \subseteq V(N)$$

ならば，このゲームは非空なコアをもつ．それゆえ，証明はこのゲームが実際に平衡ゲームとなることを示せば完了する．そこで，

$$\xi \in V(S), \quad \forall S \in \Gamma$$

であるとしよう．

まず，任意の $S \in \Gamma$ について，$V(S)$ の定義から，ある x_S が存在していかなる $z \in X$ に対しても，

$$u_i(x_S, z_{N \setminus S}) \geq \xi_i, \quad \forall i \in S$$

となる．この戦略 x_S を $(x_i(S))_{i \in S}$ と書こう．$\xi \in V(N)$ であることは，次に定義する戦略 $x = (x_1, \cdots, x_n)$ が，各 $i \in N$ に対して，少なくとも ξ_i を保証することを示すことによって証明される：

$$x_i = \sum_{S \ni i} \gamma_S x_i(S), \quad i = 1, \cdots, n$$

平衡集合族の定義より，各 x_i は，戦略 $x_i(S)$ の凸結合であることに注意しよう．

以下では，この戦略の組 $x = (x_1, \cdots, x_n)$ のもとで

$$u_1(x) \geq \xi_1$$

となることを示す．どのプレイヤーも，適当に名前を読みかえることによって，プレイヤー 1 と呼べるので，これによって一般性を失うことはない．

まず，各 $i \in N$ について，

$$x_i = \sum_{S \ni 1,\ S \in \Gamma} \gamma_S y_i(S)$$

であり，しかも $S \ni 1$ であるようなすべての $S \in \Gamma$ に対して

$$u_1(y_1(S), \cdots, y_n(S)) \geq \xi_1$$

となるような戦略 $y_i(S)$ があったならば，u_1 の準凹性によって $u_1(x) \geq \xi_1$ となることに注意する．

各 $S \in \Gamma$，ただし $S \ni 1$ に対し，戦略 $y_i(S)$ を次のように定義しよう．S を固定して，

- $i \in S$ のときは

$$y_i(S) = x_i(S)$$

- $i \notin S$ のときは

$$y_i(S) = \frac{\sum \gamma_E x_i(E)}{\sum \gamma_E}$$

と定義する．ここで，和は分子も分母も

$$i \in E,\ \ 1 \notin E$$

を満たす $E \in \Gamma$ に関するものである．また，i を固定すれば，i を含まないすべての S については右辺の E は S に依存しないので，$y_i(S)$ は一定であることがわかる．

こうして，この S について，S のメンバーは $x_i(S)$ を選び，メンバーでないプレイヤーは $y_i(S)$ を選んでいるという戦略の組が定義された．ここで，$x_i(S)$ の定義から，S の各メンバー i が $x_i(S)$ を選んでいれば，S の外のプレイヤー達がどのような戦略をとっても，プレイヤー 1 には少なくとも ξ_1 が保証されていることに注意しよう．すなわち，

$$u_1(y_1(S), \cdots, y_n(S)) \geq \xi_1$$

となっている．もちろん，これは，すべての $S \in \Gamma$，ただし $S \ni 1$ であるような S について成立する．

さて，残された課題は，以上のように定義された戦略 x_i が

$$x_i = \sum_{\substack{S \in \Gamma \\ S \ni i}} \gamma_S x_i(S), \quad i = 1, \cdots, n$$

を満たしていることを確かめることである．そのためには，この x_i について

$$\begin{aligned}
x_i &= \sum_{\substack{S \in \Gamma \\ S \ni 1}} \gamma_S y_i(S) \\
&= \sum_{\substack{\gamma_S > 0 \\ S|1, i \in S}} \gamma_S x_i(S) + \sum_{\substack{\gamma_S > 0 \\ S|1 \in S, i \notin S}} \gamma_S \left(\frac{\sum \gamma_E x_i(E)}{\sum \gamma_E} \right)
\end{aligned}$$

でなければならない．ここに，E についての和は，以前と同じく，i を含み，1 を含まない $E \in \Gamma$ についてである．

これは，次の等式を示すことにほかならない．

$$x_i = \sum_{\substack{\gamma_S > 0 \\ S|1, i \in S}} \gamma_S x_i(S) + \sum_{\substack{\gamma_E > 0 \\ E|i \in E, 1 \notin E}} \gamma_E x_i(E) \cdot c.$$

ここで，定数 c は

$$c = \frac{\displaystyle\sum_{\substack{\gamma_S > 0 \\ S|1 \in S, i \notin S}} \gamma_S}{\displaystyle\sum_{\substack{\gamma_E > 0 \\ E|i \in E, 1 \notin E}} \gamma_E}$$

である．

上の等式は，もし $c = 1$ であれば

$$x_i = \sum_{\substack{S \in \Gamma \\ S \ni i}} \gamma_S x_i(S)$$

となって，正しいことが確かめられたことになる．$c = 1$ であることは，

$$\sum_{\substack{\gamma_S>0 \\ S|1\in S,\, i\notin S}} \gamma_S = \sum_{\substack{\gamma_S>0 \\ S|i\in S,\, 1\notin S}} \gamma_S$$

を示せばよい．しかしこの等式は，平衡集合族の定義から，

$$\sum_{\substack{\gamma_S>0 \\ S\ni 1}} \gamma_S = \sum_{\substack{\gamma_S>0 \\ S\ni i}} \gamma_S = 1$$

となっているので，両辺から

$$\sum_{\substack{\gamma_S>0 \\ S\ni 1,i}} \gamma_S$$

を差し引くことによって得られる． □

例を用いて α-コアと β-コアを考察してみよう．

例 4.2. (Scarf [69])：(空でない α-コアと空の β-コア)

$$N = \{1,2,3\};\quad 1\ good\ A \ \text{と}\ 1\ bad\ B;$$
$$X_i = \{x_i = (x_{i1}^A, x_{i2}^A, x_{i3}^A; x_{i1}^B, x_{i2}^B, x_{i3}^B) \mid \sum_{j\in N} x_{ij}^A \leq 1,$$
$$\sum_{j\in N} x_{ij}^B = 1,\ x_{ij}^A \geq 0 \ \text{and}\ x_{ij}^B \geq 0\},$$
$$u_i(x) = u_i\left(\sum_{j\in N} x_{ji}\right) = \sum_{j\in N} x_{ji}^A - \sum_{j\in N} x_{ji}^B.$$

命題 4.3. 例 4.2 のゲームでは，
- α-コア $\neq \emptyset$
- $u_0 = (0,0,0) \in \alpha$-コア

*証明．*まず，Scarf の定理の条件はすべて満たされているので，α-コアは空で

ない.

利得ベクトル u_0 はどの 1 人提携を通じても支配されない. というのは, $\{3\}$ については, 任意の x_3 に対して, 提携 $\{1,2\}$ は 2 単位の bads を $\{3\}$ に負わせることができるので, $\{3\}$ の利得は負となるからである. 他の 1 人提携についても同様. また, 2 人提携を通じて支配されることもない. なぜなら, $\{1,2\}$ についてはいかなる戦略 x_{12} に対しても, $\{3\}$ は 1 単位の bad を $\{1,2\}$ のうちのいずれか 1 人に負わせることができ, それによって利得を非正にすることができるからである. 他の 2 人提携についても同様である.

最後に, u_0 はパレート効率的なので N を通じて支配されることもない. □

命題 4.4. 例 4.2 のゲームの β-コアは空である.

証明. $u = (u_1, u_2, u_3)$ を任意の実現可能利得ベクトルとし, $u_1 \geq u_2 \geq u_3$ であるとする. もちろん, 仮定から $\sum_{j \in N} u_j \leq 0$ である.

すべての 2 人提携 $\{i,j\}$ は, 任意の利得ベクトル (u_i, u_j) ただし $u_i + u_j \leq 1$ を達成できる. というのは, いかなる x_k に対しても, 提携 $\{i,j\}$ は 2 単位の bads を $\{k\}$ に負わせることができ, しかも 2 人の間で 2 単位の goods を再配分することにより k によって負わされる 1 単位の bad による損害を補償することができるからである.

さて, もし u が β-コアに入っていたならば, $u_3 < 0$ でなければならない. というのは, もしそうでなければ, $u_1 = u_2 = u_3 = 0$ であり, これは任意の 2 人提携を通じて β-支配されるからである.

すると, $u_2 \geq 1$ である. なぜなら, $u_2 < 1$ ならば u は $\{2,3\}$ を通じて β-支配されるからである. 仮定より, $u_1 \geq u_2$ であるから, $u_3 \leq -2$ であり, これは提携 $\{3\}$ を通じて β-支配されることを意味し, 矛盾である. □

4.4.3 β-コアの存在

β-コアの一般的な存在条件は知られていないが, α-コアに一致するための十分条件を与えることは, 以下に述べるように可能である (Nakayama [54] 参照).

定義 4.10. S は $\emptyset \neq S \subsetneq N$ を満たすとする．このとき，$N\setminus S$ の戦略 $d_{N\setminus S} \in X_{N\setminus S}$ が S に対する優位懲罰戦略（dominant punishment strategy）であるとは，

$$\forall z_S \in X_S, \ \forall z_{N\setminus S} \in X_{N\setminus S}, \ u_S(z_S, z_{N\setminus S}) \geq u_S(z_S, d_{N\setminus S})$$

であることをいう．

このように，優位懲罰戦略は，S の各々の戦略に対して，S のプレイヤー達にパレートの意味で最大な損害を与える $N\setminus S$ の戦略である．

定理 4.6. S は N の空でない任意の真部分集合とし，$N\setminus S$ は S に対する優位懲罰戦略をもつとする．このとき，Scarf の条件のもとで，ゲーム G は α-コアに一致する β-コアをもつ．

証明. 任意の利得ベクトル $\xi \in U(X)$ について，ξ が S を通じて α-支配されることと，β-支配されることが同値となることを示せば十分である．

まず，ξ は S を通じて β-支配されるとしよう．すると，定義から任意の $x_{N\setminus S} \in X_{N\setminus S}$ に対して，ある戦略 $x_S^* \in X_S$ をとれば

$$\forall i \in S, \ u_i(x_S^*, x_{N\setminus S}) > \xi_i.$$

ゆえに，優位懲罰戦略 $d_{N\setminus S} \in X_{N\setminus S}$ に対しても，ある戦略 $x(d_{N\setminus S}) \in X_S$ をとれば

$$\forall i \in S, \ u_i(x(d_{N\setminus S}), d_{N\setminus S}) > \xi_i.$$

$d_{N\setminus S}$ は優位懲罰戦略だから，S が戦略 $x(d_{N\setminus S})$ をとっていれば，任意の $z_{N\setminus S} \in X_{N\setminus S}$ に対して，

$$u_S(x(d_{N\setminus S}), z_{N\setminus S}) \geq u_S(x(d_{N\setminus S}), d_{N\setminus S}) > \xi_S.$$

これは，S を通じて ξ が α-支配されることを意味している．

逆は，定義から従う． □

こうして，$N \setminus S$ の優位懲罰戦略は，提携 S が自身で保証しうる利得ベクトルの全体と，$N \setminus S$ が妨げることのできない S の利得ベクトルの全体とを一致させる．1960 年代に，Jentzsch [38] は異なる観点からこのような戦略をすでに考察しており，これを提携 $N \setminus S$ の最適戦略，また，最適戦略が存在するような利得構造を，S と $N \setminus S$ とのゼロサム的状況に留意して，古典的利得構造と呼んだ．もちろん，このような古典的利得構造をもつ戦略形ゲームはありふれたものではなく，優位懲罰戦略の存在は一般には限定的である．とくに，経済学に現れるゲームでは存在は期待できないようにみえるかもしれない．しかし，事実は逆で，以下に示すように，すでに述べた Scarf [69] の純粋交換ゲームでは，きわめて自然な優位懲罰戦略が存在するのである．

　再び，Scarf の純粋交換ゲーム $G = (N, \{X_i\}, \{u_i\})$ とは，次のように定義される戦略形ゲームであったことを思い起こそう．

$$X_i = \{x_i = (x_{i1}, \cdots, x_{in}) \mid \sum_{j \in N} x_{ij} = \omega_i, \text{ and } \forall j \in N, \ x_{ij} \in \mathbb{R}^m_+\}$$

$$u_i(x) = v_i(\sum_{j \in N} x_{ji}),$$

ただし，関数 v_i は連続，準凹で $\sum_{j \in N} x_{ji}$ について単調非減少．

戦略はすべて非負なので，移転された財ベクトルの総和がそのまま配分として実現することに注意する．すると，任意の空でない真部分集合 $S \subsetneq N$ について，$N \setminus S$ が S には一切移転しないという任意の戦略は，利得関数の単調性から $N \setminus S$ の優位懲罰戦略であることがわかる．こうして，この純粋交換ゲームには α-コアと一致する空でない β-コアが存在する．

　これらのコアには，結託耐性ナッシュ均衡と異なり，離反に対する報復が組み込まれている．たとえば，初期状態からの取引において，合意に違反すれば，残りのメンバーからの報復にさらされる．つまり，財を手渡してもらえないのである．これが違反を思いとどまらせ，取引を成立させることになる．

　公共財の生産を含む場合でも，私的財を提携の外に移転しないだけでなく，公共財の生産にも一切貢献しないことはやはり優位懲罰戦略となる．

4.4.4 コアと凸性

優位懲罰戦略は，上で述べた結果以外にも思いがけない応用を可能にする．第2章で，NTU平衡ゲームはコアをもつことを述べるScarfの定理のところで注意したように，NTU特性関数Vが，条件

$$S, T \subseteq N \Rightarrow V(S) \cap V(T) \subseteq V(S \cup T)$$

を満たすとき，このゲームはNTUの意味で平衡かつ凸である．ゲームがこのような条件を満たすのは，例外的なケースであるが，意外なことに上で述べた懲罰戦略のアイディアがこれを可能にするのである．とくに，NTU凸ゲームがいかなる戦略的構造から生じるのかは，これまで知られていなかったことである．この興味深い事実を明らかにした増澤 [48] の基本定理を紹介しよう．

定義 4.11. $S \subseteq N$, $x_S, y_S \in X_S$ とする．このとき，$N \setminus S$ に対し，戦略 x_S が y_S より懲罰優位であるとは任意の $z \in X$ について，

$$u_i(y_S, z_{N \setminus S}) \geq u_i(x_S, z_{N \setminus S}) \quad \forall i \in N \setminus S$$

となることをいう．これを，$x_S P_S y_S$ と書く．

仮定 4.1. すべての $i \in N$ とすべての $x_i, y_i \in X_i$ について，$N \setminus \{i\}$ に対して，x_i が y_i より懲罰優位であるか，または，y_i が x_i より懲罰優位である．

この仮定は，プレイヤーの戦略が，他のすべてのプレイヤーの利得を一斉に増減させうることを意味している．たとえば，ある国がCO_2排出量を増やせば，地球温暖化が進み，世界中がその害をこうむるような状況である．n人囚人のジレンマを含むその他の具体例については増澤 [48] を参照のこと．

定理 4.7. 仮定 4.1 のもとで，$V = V_\alpha$ とすれば，

$$V(S) \cap V(T) \subseteq V(S \cup T) \quad \forall S, T \subseteq N.$$

証明. 各プレイヤー i について，$x_i, y_i \in X_i$ を任意の 2 つの戦略とするとき，

$$p(x_i, y_i) = x_i \iff y_i P_i x_i$$

と定義しよう．すなわち，$p(x_i, y_i)$ は，x_i と y_i のうちでより懲罰優位でない戦略を表す．ただし，P_i は $P_{\{i\}}$ を略記したものである．

まず，$\xi \in V(S) \cap V(T)$ とする．すると，α-有効性の定義から $a_S \in X_S$ と $b_T \in X_T$ が存在して，

$$\forall i \in S, \ \forall d_{N\setminus S} \in X_{N\setminus S}, \ u_i(a_S, d_{N\setminus S}) \geq \xi_i$$

$$\forall j \in T, \ \forall d_{N\setminus T} \in X_{N\setminus T}, \ u_j(b_T, d_{N\setminus T}) \geq \xi_j$$

となる．そこで，$S \cup T$ の戦略 $z_{S\cup T} \in X_{S\cup T}$ を，次のように定義する．
(1) $z_i = a_i \ \forall i \in S \setminus T$,
(2) $z_i = b_i \ \forall i \in T \setminus S$,
(3) $z_i = p(a_i, b_i) \ \forall i \in S \cap T$.

つまり，$S \cap T$ に属するプレイヤー達には，a あるいは b のうち，より懲罰の弱い戦略をとらせるのである．すると，$z_i = a_i$ であるメンバー $i \in S$ は，任意のメンバー $j \in S \cap T$ が a_j をとっていた場合の利得を確保できる．実際，$z_i = a_i$ であるプレイヤー $i \in S$ についてはどのような $d_{N\setminus(S\cup T)} \in X_{N\setminus(S\cup T)}$ に対しても

$$\begin{aligned}\xi_i &\leq u_i(a_i, a_{S\setminus\{i\}}, b_{T\setminus S}, d_{N\setminus(S\cup T)}) \\ &\leq u_i(a_i, a_{S\setminus(T\cup\{i\})}, z_{S\cap T\setminus\{i\}}, b_{T\setminus S}, d_{N\setminus(S\cup T)}) \\ &= u_i(z_{S\cup T}, d_{N\setminus(S\cup T)})\end{aligned}$$

となる．同様に，$z_i = b_i$ であるプレイヤー $i \in T$ についても，任意のメンバー $j \in S \cap T$ が b_j をとっていた場合の利得を保証することができるので，

$$\xi_i \leq u_i(z_{S\cup T}, d_{N\setminus(S\cup T)}) \ \forall i \in S \cup T$$

となる．こうして，

$$\xi \in V(S \cup T)$$

であることが示された. □

この定理には，効用関数の準凹性は不必要であることに注意しよう．それゆえ，Scarf の α-コアの存在定理が示すものとは異なるゲームのクラスを与えていることになる．

4.5 自己拘束的戦略

これまでみてきたように，協力ゲームでは，プレイヤー達は提携を形成して一致して行動することができる．これは，**拘束的協定**（binding agreement）という，協力ゲームの暗黙の仮定が働いているからである．では，拘束的協定を仮定しなければ提携行動は無意味になり，プレイヤー達は必然的に個別に行動することになるのだろうか？　ここでは，このような仮定によらずに，提携が分裂せずに行動する可能性について考えよう．具体的には，**自己拘束的戦略**（self-binding strategies）という，内生的な拘束力をもつ戦略を定義して，この戦略とコアとの関係を考察する．

4.5.1 α-離反戦略

まず，α-**離反戦略**を定義する．これは，与えられた戦略の組における利得を α-支配することができることを意味するものである．

定義 4.12. 任意の戦略の組 $x \in X$ と，任意の空でない $T \subseteq N$ について，T が $x \in X$ において **α-離反戦略** $y_T \in X_T$ をもつとは，任意の $z \in X$ に対し

$$u_T(y_T, z_{N \setminus T}) > u_T(x)$$

となることをいう．

定義 4.13. 任意の戦略の組 $x \in X$ と，任意の空でない $T \subseteq N$ について，T が $x \in X$ において確定的 **α-離反戦略** $y_T \in X_T$ をもつとは，$y_T \in X_T$ が x における α-離反戦略であって，しかも，任意の $z \in X$ に対し，$(y_T, z_{N \setminus T})$ にお

いて，確定的 α-離反戦略をもつ $R \subsetneq T$ が存在しないことをいう．

このように，確定的 α-離反戦略とは，結託耐性をもつナッシュ均衡の定義に用いた確定的離反戦略を，α-支配の意味で考えたものにほかならない．定義も同じく帰納的である．

また，確定的 α-離反戦略は，次に示すように α-離反戦略が存在すれば常に存在する．

命題 4.5. もし $T \subseteq N$ が $x \in X$ において α-離反戦略をもつならば，ある $R \subseteq T$ は x において確定的 α-離反戦略をもつ．

証明． T が x において α-離反戦略をもつとすると，

$$\exists y_T \in X_T, \ \forall z \in X, \ u_T(y_T, z_{N \setminus T}) > u_T(x)$$

である．もし，$(y_T, z_{N \setminus T})$ において，いかなる部分集合 $R \subsetneq T$ も確定的 α-離反戦略をもたないならば y_T は x における，T の確定的 α-離反戦略となる．

他方，もし $(y_T, z_{N \setminus T})$ について，ある部分集合 $R \subsetneq T$ が $(y_T, z_{N \setminus T})$ において確定的 α-離反戦略をもつならば，

$$\exists w_R \in X_R, \ \forall p_{N \setminus R} \in X_{N \setminus R}, \ u_R(w_R, p_{N \setminus R}) > u_R(y_T, z_{N \setminus T}) > u_R(x)$$

となり，R が x において確定的 α-離反戦略 w_R をもつ． $\square$

定義 4.14. 任意の $S \subseteq N$ について，戦略 $x_S \in X_S$ が S の**自己拘束的戦略**(self-binding strategy) であるとは，任意の $z \in X$ に対し，$(x_S, z_{N \setminus S})$ において確定的 α-離反戦略をもつ $T \subseteq S$ が存在しないことをいう．

自己拘束的戦略をもつ提携を自己拘束的提携と呼ぼう．これは，特性関数形ゲームにおいて，Ray [67] が定義した *credible coalition* に相当するものである．1 人提携はマックス・ミニ戦略のもとで自己拘束的になることに注意しよう．

4.5.2 自己拘束的戦略と α-コア

自己拘束的戦略の存在は，次のように，α-コアの存在と密接な関係にある．

定理 4.8. ゲーム G において，
(1) N は自己拘束的 $\Longleftrightarrow$ α-コア $\neq \emptyset$．
(2) 任意の $x \in X$ に対し，ある $S \subsetneq N$ が x において確定的 α-離反戦略をもつならば，S は自己拘束的である．

証明．
(1) α-コアが空集合だとしよう．すると，ある部分集合 $S \subseteq N$ が任意の x において α-離反戦略をもつので，上に述べたようにある部分集合 $T \subseteq S$ が x において確定的 α-離反戦略をもつ．ゆえに，x は自己拘束的ではありえず，N は自己拘束的ではない．

逆に，α-コアが空でないとし，$\xi \in \alpha$-コアであるとしよう．すると，$\xi \in U(X)$ であるから，ある戦略 $x \in X$ が存在して

$$u_N(x) \geq \xi$$

である．この x において，部分集合 $S \subseteq N$ が α-離反戦略をもつとすると，ある $y_S \in X_S$ が存在して，任意の $z \in X$ に対し，

$$u_S(y_S, z_{N \setminus S}) > \xi_S.$$

これは，$\xi \in \alpha$-コアに矛盾する．

すると，どのような部分集合 T も x において α-離反戦略をもたないので，当然，確定的 α-離反戦略ももたない．こうして，x は自己拘束的であることの定義を $S = N$ として満たすので，N は自己拘束的提携となる．
(2) x における S の確定的 α-離反戦略を $y_S \in X_S$ とする．すると，任意の $z \in X$ に対し，いかなる真部分集合 $T \subsetneq S$ も $(y_S, z_{N \setminus S})$ において確定的 α-離反戦略をもたない．それゆえ，もし S 自身が $(y_S, z_{N \setminus S})$ において確定的 α-離反戦略をもたないならば，y_S は S の自己拘束的戦略となる．実際，y_S を，x における S の他の確定的 α-離反戦略に支配されない確定的 α-離反戦略であ

るとすれば，その条件が満たされる．こうして，S は自己拘束的戦略をもつ．
□

このように，α-コアが空でないことと，提携 N が自己拘束的となることは同値である．α-コアが空のときは，N より小さい提携の中で確定的 α-離反戦略をもつ提携が自己拘束的となる．1 人提携は常に自己拘束的であるが，一般にはどの提携が自己拘束的であるかは戦略の組に依存する．次の結果は，α-コアが存在する場合，与えられた提携 $S \subsetneq N$ が自己拘束的となるための 1 つの十分条件が，$N \setminus S$ の優位懲罰戦略の存在であることを示している．

定理 4.9. 各 $i \in N$ について，u_i は $x \in X$ に関して連続で準凹であるとする．このとき，N の空でない真部分集合 S は，$N \setminus S$ が S に対する優位懲罰戦略をもつならば，自己拘束的となる．

証明． $N \setminus S$ の優位懲罰戦略を $d_{N \setminus S}$ とする．仮定から，各 $i \in S$ について $u_i(\cdot, d_{N \setminus S})$ は準凹だから，Scarf の定理 [69] から，$x_{N \setminus S}$ を $d_{N \setminus S}$ に固定した部分ゲーム $G \mid d_{N \setminus S}$ は空でない α-コアをもつ．それゆえ，S は $G \mid d_{N \setminus S}$ において自己拘束的戦略 $x_S \in X_S$ をもつ．すると，任意の $T \subseteq S$ と任意の $y_T \in X_T$ に対し，ある戦略 $z \in X_S$ が存在して

$$\exists i \in T, \quad u_i(y_T, z_{S \setminus T}, d_{N \setminus S}) \leq u_i(x_S, d_{N \setminus S}).$$

すなわち，ある戦略 $w \in X$ が存在して，

$$\exists i \in T, \quad u_i(y_T, w_{N \setminus T}) \leq u_i(x_S, d_{N \setminus S}).$$

$d_{N \setminus S}$ は優位懲罰戦略だから，任意の $x_{N \setminus S} \in X_{N \setminus S}$ に対して，

$$\exists i \in T, \quad u_i(y_T, w_{N \setminus T}) \leq u_i(x_S, d_{N \setminus S}) \leq u_i(x_S, x_{N \setminus S})$$

となるが，これは，どの部分集合 $T \subseteq S$ も，$(x_S, x_{N \setminus S})$ において α-離反戦略をもたないことを意味している．それゆえ，任意の $x_{N \setminus S}$ に対し，いかなる $T \subseteq S$ も $(x_S, x_{N \setminus S})$ において確定的 α-離反戦略をもたないので，x_S は S の

自己拘束的戦略となる. □

　非負戦略の純粋交換ゲームでは，各提携 $S \subsetneq N$ について，$N \setminus S$ は優位懲罰戦略をもつので，この定理から，各提携 S は自己拘束的となる.

4.5.3　NTU 市場ゲームの導出

　優位懲罰戦略は，Scarf の純粋交換ゲームから，NTU 市場ゲームを導くことを可能にしてくれる．純粋交換ゲームにおいて，各提携 S に対して，$\xi(S)$ を S が α-有効な利得ベクトルの全体，すなわち，

$$\xi(S) = \{\xi \in \mathbb{R}^N \mid \exists x_S \in X_S \ \forall z \in X, \ u_S(x_S, z_{N \setminus S}) \geq \xi_S = (\xi_i)_{i \in S}\}$$

であるとする.

　他方，各提携 S に対して，S-配分を $y_i \in \mathbb{R}_+^m$ ($\forall i \in S$) および $\sum_{i \in S} y_i = \sum_{i \in S} w_i$ を満たす $y_S = \{y_i\}_{i \in S}$ とし，S-配分が与える利得ベクトルの全体を

$$V(S) = \{\xi \in \mathbb{R}^N \mid \exists S\text{-配分 } y_S \ \forall i \in S, \ v_i(y_i) \geq \xi_i\},$$

としよう．すると，各 $S \subseteq N$ に対して，$\xi(S) = V(S)$ である．まず，$\xi(S) \subseteq V(S)$ であることを示すには，S は，$N \setminus S$ の優位懲罰戦略のもとで，S 内でパレート効率的な再配分，すなわち S-配分を達成する戦略をとれることに注意すれば十分であろう．逆は，任意の S-配分 y_S に対して，次の戦略 x_S を考えればよい.

$$x_{ij,k} = \frac{\omega_{i,k} y_{j,k}}{\sum_{i \in S} \omega_{i,k}}, \quad i, j \in S, \ k = 1 \cdots m.$$

こうして得られる $V(\cdot)$ が**市場ゲーム**と呼ばれる NTU ゲームである (Scarf [68]).

　このように，市場ゲームは，各提携が自己拘束的であるような戦略形ゲームの典型例である純粋交換ゲームから導くことができ，それゆえ，拘束的協定の仮定を必要としない協力ゲームであるということができる.

参考文献

[1] Aarts, H., Y. Funaki and C. Hoede (1997), "A Marginalistic Value for Monotonic Set Games," *International Journal of Game Theory*, 26, pp.97-111.

[2] Arrow, K. J. and F. Hahn (1971), *General Competitive Analysis*, Holden Day.

[3] Aumann, R. J. (1959), "Acceptable Points in General Cooperative n-Person Games," *Annals of Mathematics Studies*, 40, pp.287-324.

[4] Aumann, R. J. (1964), "Markets with a Continuum of Traders," *Econometrica*, 32, pp.39-50.

[5] Aumann, R. J. (1973), "Subjectivity and Correlation in Randomized Strategies," *Journal of Mathematical Economics*, 1, pp.67-96.

[6] Aumann, R. J. (1975), "Values of Markets with a Continuum of Traders," *Econometrica*, 43, pp.611-646.

[7] Aumann, R. J. (1985), "An Axiomatization of the Non-Transferable Utility Value," *Econometrica*, 53, pp.599-612.

[8] Aumann, R. J. (1989), *Lectures on Game Theory*, Westview Press. 丸山徹・立石寛訳 (1991), 『ゲーム論の基礎』, 勁草書房.

[9] Aumann, R. J. and J. H. Drèze (1974), "Cooperative Games with Coalitional Structures," *International Journal of Game Theory*, 3, pp.212-237.

[10] Aumann, R. J. and M. Maschler (1964), "The Bargaining Set for Cooperative Games," *Annals of Mathematics Studies*, 52, pp.443-476.

[11] Aumann, R. J. and M. Maschler (1985), "Game Theoretic Analysis of a Bankruptcy Problem from the Talmud," *Journal of Economic Theory*, 36, pp.195-213.

[12] Aumann, R. J. and B. Peleg (1960), "Von-Neumann-Morgenstern Solutions to Cooperative Games without Side Payments," *Bulletin of the American Mathematical Society*, 66, pp.173-179.

[13] Bernheim, B. D., B. Peleg and M. D. Whinston (1987), "Coalition-proof Equilibria I. Concepts," *Journal of Economic Theory*, 42, pp.1-12.

[14] Bondareva, O. N. (1963), "Nekotrye Primeneniia Metodov Linejnogo Programmirovaniia k Teorii Kooperativnykh Igr (Some Applicatons of Linear Programming Methods to the Theory of Cooperative Games) (in Russian),"

Problemy Kibernetiki, 10, pp.119-139.

[15] Burger, E. (1963), *Introduction to the Theory of Games*, Prentice-Hall.

[16] Champsaur, P., D. J. Roberts and R. W. Rosenthal (1976), "On Cores in Economies with Public Goods," *International Economic Review*, 16, pp.751-764.

[17] Clarke, E. H. (1971), "Multipart Pricing of Public Good," *Public Choice*, 11, pp.17-33.

[18] Davis, M. and M. Maschler (1965), "The Kernel of a Cooperative Game," *Naval Research Logistics Quaterly*, 12, pp.223-259.

[19] Debreu, G. and H. Scarf (1963), "A Limit Theorem on the Core of an Economy," *International Economic Review*, 4, pp.235-246.

[20] Driessen, T. S. H. (1991), "A Survey of Consistency Properties in Cooperative Game Theory," *SIAM Review*, 33, pp.43-59.

[21] Foley, D. (1970), "Lindahl's Solution and the Core of an Economy with Public Goods," *Econometrica*, 38, pp.66-72.

[22] Funaki, Y. (1998), "Dual Axiomatizations of Solutions of Cooperative Games," *mimeo*.

[23] 船木由喜彦 (2001),『エコノミックゲームセオリー：協力ゲームの応用』, サイエンス社.

[24] 船木由喜彦 (2004),「NTU ゲームにおけるコアの公理的特徴づけ」『早稲田政治経済学雑誌』, pp159-164.

[25] Funaki, Y. and T. Yamato (2001), "The Core and Consistency Properties: A General Characterization," *International Game Theory Review*, 3, pp.175-187.

[26] Gillies, D. B. (1959), "Solutions to General Non-zero-sum Games," *Annals of mathematics Studies*, 40, pp.47-85.

[27] Greenberg, J. and S. Weber (1993), "Stable Coalition Structures with a Uni-dimensional Set of Alternatives," *Journal of Economic Theory*, 60, pp.62-82.

[28] Groves, T. and M. Loeb (1975), "Incentives and Public Inputs," *Journal of Public Economics*, 4, pp.211-226.

[29] Groves, T. and J. Ledyard (1977), "Optimal Allocation of Public Goods: A Solution to the 'Free Rider Problem'," *Econometrica*, 45, pp.783-809.

[30] Harsanyi, J. (1977), *Rational Behavior and Bargaining Equilibrium in Games and Social Situations*, Cambridge University Press.

[31] Harsanyi, J. C. and R. Selten (1988), *A General Theory of Equilibrium Selection in Games*, The MIT Press.

[32] Hart, S. and A. Mas-Colell (1989), "Potential, Value, and Consistency," *Econometrica*, 57, pp.589-614.
[33] Hildenbrand, W. and A. P.Kirman (1976), *Introduction to Equilibrium Analysis*, North-Holland.
[34] Hirai, T., T. Masuzawa, and M. Nakayama (2006), "Coalition-Proof Nash Equilibria and Cores in a Strategic Pure Exchange Game of Bads," *Mathematical Social Sciences*, 51, pp.162-170.
[35] Hirokawa, M. (1992), "The Equivalence of the Cost Share Equilibria and the Core of a Voting Game in a Public Goods Economy," *Social Choice and Welfare*, 9, pp.63-72.
[36] Hurwicz, L. (1979), "Outcome Functions Yielding Walrasian and Lindahl Allocations at Nash Equilibrium Points," *Review of Economic Studies*, 46, pp.217-226.
[37] Ichiishi, T. (1983), *Game Theory for Economic Analysis*, Academic Press.
[38] Jentzsch, G. (1964), "Some Thoughts on the Theory of Cooperative Games," *Annels of Mathematics Studies*, 52, pp.407-442.
[39] Kalai, E., A. Postlewaite and J. Roberts (1979), "A Group Incentive Compatible Mechanism Yielding Core Allocations," *Journal of Economic Theory*, 20, pp.13-22.
[40] Kaneko, M. (1977), "The Ratio Equilibrium and the Core of the Voting Game G(N,M) in a Public Goods Economy," *Jornal of Economic Theory*, 16, pp.123-136.
[41] Littlechild, S. C. (1976), "A Further Note on the Nucleolus of the Airport Game," *International Journal of Game Theory*, 5, p.91-95.
[42] Littlechild, S. C. and G. Owen (1973), "A Simple Expression for the Shapley Value in a Special Case," *Management Science*, 20, pp.370-372.
[43] Lucas, W. F. (1968), "A Game with No Solution," *Bulletin of the American Mathematical Society*, 74, pp.237-239.
[44] Lucas, W. F. and M. Rabie (1982), "Games with No Solution and Empty Cores," *Mathematics of Operations Research*, 7, pp.491-500.
[45] Maschler, M., B. Peleg and L. S. Shapley (1972), "The Kernel and Bargaining Set for Convex Games," *International Journal of Game Theory*, 1, pp.73-93.
[46] Mas-Colell, A. (1987), "Cooperative Equilibrium," Eatwell, J., M. Milgate and P. Newman eds., *The New Palgrave: Game Theory*, The Macmillan Press.
[47] Mas-Colell, A. and J. Silvestre (1989), "Cost Share Equilibria," *Journal of

Economic Theory, 47, pp.239-256.

[48] Masuzawa (2003), "Punishment Starategies Make the α-Coalitional Game Ordinally Convex and Balanced," *International Journal of Game Theory*, 32, pp.479-483.

[49] Monderer, D. and L. S. Shapley (1996), "Potential Games," *Games and Economic Behavior*, 14, pp.124-143.

[50] Moulin, H. (1985), "The Separability Axiom and Equal-Sharing Methods," *Journal of Economic Theory*, 36, pp.120-148.

[51] Muench, T. (1972), "The Core and the Lindahl Equilibrium of an Economy with a Public Good: An Example," *Journal of Economic Theory*, 4, pp.241-255.

[52] 武藤滋夫・小野理恵 (1998),『投票システムのゲーム分析』, 日科技連出版社.

[53] Nakayama, M. (1983), "A Note on a Generalization of Nucleolus to a Game without Sidepayments," *International Journal of Game Theory*, 12, pp.115-122.

[54] Nakayama, M. (1988), "Self-binding Coalitions," *Keio Economic Studies*, 35, pp.1-8.

[55] 中山幹夫 (1997),『はじめてのゲーム理論』, 有斐閣.

[56] Nash, J. F. (1951), "Non-cooperative Games," *Annals of Mathematics*, 54, pp.286-295.

[57] Nash, J. F. (1953), "Two-person Cooperative Games," *Econometrica*, 21, pp.128-140.

[58] Nishihara, K. (1999), "Stability of the Cooperative Equilibrium in N-person Prisoners' Dilemma with Sequential Moves," *Economic Theory*, 13, pp.483-494.

[59] 岡田章 (1996),『ゲーム理論』, 有斐閣.

[60] Osborne, M. J. and A. Rubinstein (1994), *A Course in Game Theory*, The MIT Press.

[61] Owen, G. (1996), *Game Theory*, Academic Press.

[62] Peleg, B. (1967), "Existence Theorem for the Bargaining Set $M_1^{(i)}$," Shubik, M. ed., *Essays in Mathematical Economics: In Honor of Oskar Morgenstern*, Princeton University Press, pp.53-56.

[63] Peleg, B. (1984), *Game Theoretic Analysis of Voting in Committees*, Cambridge University.

[64] Peleg, B. (1985), "An Axiomatization of the Core of Cooperative Games without Side Payments," *Journal of Mathematical Economics*, 14, pp.203-

214.

[65] Peleg, B.(1986), "On the Reduced Game Property and Its Converse," *International Journal of Game Theory*, 15, pp.187-200; Correction, *International Journal of Game Theory*, 16 (1987), p.290.

[66] Peleg, B. and P. Sudhölter (2003), *Introduction to the Theory of Cooperative Games*, Kluwer Academic Publishers.

[67] Ray, D. (1989), "Credible Coalitions and the Core," *International Journal of Game Theory*, 18, pp.185-187.

[68] Scarf, H. (1967), "The Core of an n-Person Game," *Econometrica*, 35, pp.50-69.

[69] Scarf, H. (1971), "On the Existence of a Cooperative Solution for a General Class of n-Person Games," *Journal of Economic Theory*, 3, pp.169-181.

[70] Schmeidler, D. (1969), "The Nucleolus of a Characteristic Function Game," *SIAM Journal of Applied Mathematics*, 17, pp.1163-1170.

[71] Shapley, L. S. (1953), "A Value for n-Person Games," *Annals of Mathematics Studies*, 28, pp.305-317.

[72] Shapley, L. S. (1967), "On Balanced Sets and Cores," *Naval Research Logistics Quaterly*, 14, pp.453-460.

[73] Shapley, L. S. (1969), "Utility Comparison and the Theory of Games," Guilbaud, G. Th. ed., *La Decision*, Editions du CNRS.

[74] Shapley, L. S. (1971), "Cores of Convex Games," *International Journal of Game Theory*, 1, pp.11-26.

[75] Shapley, L. S. (1972), "On Balanced Games without Sidepayments," *Research Paper P-4910*, Rand Corporation.

[76] Shapley, L. S. and M. Shubik (1969), "On the Core of Economic System with Externalities," *American Economic Review*, 59, pp.678-684.

[77] Shapley, L. S. and R. Vohra (1991), "On Kakutani's Fixed Point Theorem, the K-K-M-S Theorem and the Core of a BalancedGame," *Economic Theory*, 1, pp.108-116.

[78] Sobolev, A. I. (1973), "The Functional Equations that Gives the Payoffs of the Players in an n-Person Games," E. Vilkas ed., Advances in Game Theory, Izdat., "Mintis" Vilnius (in Russian), pp.151-153.

[79] Sobolev, A. I. (1975), "The Characterization of Optimality Principles in Cooperative Games by Functional Equations," N. N. Vorobev ed., *Mathematical Methods in the Social Sciences* (in Russian), 6, Vilnius, pp.94-151.

[80] 鈴木光男 (1981),『ゲーム理論入門』, 共立出版.

[81] Suzuki, M. and M. Nakayama (1976), "The Cost Assignment of the Cooperative Water Resource Development: A Game Theoretical Approach," *Management Science*, 22, pp.1081-1086.

[82] 鈴木光男・武藤滋夫 (1985),『協力ゲームの理論』, 東京大学出版会.

[83] Tadenuma, K. (1992), "Reduced Games, Consistency, and the Core," *International Journal of Game Theory*, 20, pp.325-334.

[84] 蓼沼宏一 (1992),「段階的交渉とゲームの解対応の整合性」『三田学会雑誌』85 巻 3 号, pp.452-466.

[85] Thomson, W. (1990), "The Consistency Principle in Economics and Game Theory," Ichiishi, T., A. Neyman and Y. Tauman eds., *Game Theory and Applications*, Academic Press, pp.187-215.

[86] Ui, T. (2001), "Robust Equilibria of Potential Games," *Econometrica*, 69, pp.1373-1380.

[87] Utsumi, Y. and M. Nakayama (2004), "Strategic Cores in a Public Goods Economy," *International Game Theory Review*, 6, pp.1-16.

[88] Vickery, W. (1961), "Counterspeculation, Auctions and Competitive Sealed Tenders," *Journal of Finance*, 16, pp.8-37.

[89] von Neumann, J. and O. Morgenstern (1953), *Theory of Games and Economic Behavior, 3rd ed.*, Princeton University Press.

[90] Walker, M. (1981), "A Simple Incentive Compatible Scheme for Attaining Lindahl Allocations," *Econometrica*, 49, pp.65-71.

[91] Wako, J. (2005), "Coalition-proof Nash Allocation in a Barter Game with Multiple Indivisible Goods," *Mathematical Social Sciences*, 49, pp.179-199.

[92] Young, H. P. (1985), "Monotonic Solutions of Cooperative Games," *International Journal of Game Theory*, 14, pp.65-72.

[93] Zhao, J. (1999a), "The Existence of TU α-Core in Normal Form Games," *International Journal of Game Theory*, 28, pp.25-34.

[94] Zhao, J. (1999b), "A β-Core Existence Result and its Application to Oligopoly Markets," *Games and Economic Behavior*, 27, pp.153-168.

索　引

ア行

α-コア　193
α-支配　192
α-有効　193
α-離反戦略　203
　確定的——　203
安定　29
安定コア　28
安定集合　20, 72
　差別的——　22
　対称——　22
ENSC 値　149
異議　28
1 点解　109
1 点解公理　112
NTU ゲーム　3, 81
NTU 市場ゲーム　85

カ行

外部安定性　20
寡占市場ゲーム　189
カーネル　35, 46, 78
加法性　58
規制強均衡　180
基本三角形　7
逆異議　29
逆縮小ゲーム整合性　126
強単調性　63
強ナッシュ均衡　174
許容離反　180
均衡状態　34
ゲームの解　109
結託耐性　183
結託耐性ナッシュ均衡　182

限界貢献度依存性　63
コア（NTU ゲーム）　82
コア（TU ゲーム）　12, 27, 28, 33, 50, 70, 72, 74
コア（純粋交換経済）　87
貢献度　51
交渉曲線　24
交渉集合　29, 40, 47, 74
拘束的協定　203
公理化　105
個人合理性　6
個人合理性公理（NTU ゲーム）　153
個人合理性公理（TU ゲーム）
　双対——　110
個人合理性公理　110

サ行

CIS 値　148
自己拘束的戦略　204
市場ゲーム　207
支配　10, 11
シャープレイ値（NTU ゲーム）　95
シャープレイ値（TU ゲーム）　51
縮小ゲーム　106
　——に関する整合性　78
　コンプリメント——（NTU ゲーム）　154
　コンプリメント——（TU ゲーム）　115
　σ——　140
　凸結合——　137
　プロジェクション——（NTU ゲーム）　155
　プロジェクション——（TU ゲーム）　114
　マックス——（NTU ゲーム）　154

215

216　索　引

マックス——（TUゲーム）　116
縮小ゲーム整合性（NTUゲーム）　155
　　逆——　155
縮小ゲーム整合性（TUゲーム）
　　コンプリメント——　115
　　σ——　141
　　凸結合——　136
　　プロジェクション——　114
縮小ゲーム整合性公理　125
需要対応　87
受容的　42
純粋交換経済　86
純粋交換ゲーム　176
譲渡可能効用　3
仁　42
仁分配率　91
整合性公理　105-107
ゼロ正規化　4, 6
線形計画問題　18, 43
先行者　51
全体合理性　6, 58
全体合理性公理（NTUゲーム）　153
全体合理性公理（TUゲーム）　109
戦略上同等　4
双対問題　18
存在公理（NTUゲーム）　153
存在公理（TUゲーム）　112

タ　行

対称　57
対称性　58
対称性公理　113
懲罰優位　201
提携　3
提携形ゲーム　3
提携構造　30
提携合理性公理（NTUゲーム）　153
提携合理性公理（TUゲーム）　111
提携合理的　12
TUゲーム　3
特性関数　3
特性関数形ゲーム　3

凸ゲーム（NTUゲーム）　82
凸ゲーム（TUゲーム）　68

ナ　行

内部安定性　20
ナルプレイヤー　57
　　——に関する性質　58

ハ　行

配分　5
非水平性　152
標準解（2人ゲーム）　113
不変性公理　111
不満　14, 33, 41
　　最大——　34
プレカーネル　78, 125
プレ仁　125, 129
プレ配分　125
分配率　90
平衡ゲーム（NTUゲーム）　84
平衡集合族　19
平衡ベクトル　19
β-コア　193
β-支配　192
β-有効　193
包括性　152
包括的　81
ポテンシャル関数　133

マ　行

無名性公理　129

ヤ　行

優位　34
優位懲罰戦略　199
優加法性　12, 40
優加法性公理　112
優加法的（NTUゲーム）　82
優加法的（TUゲーム）　4, 70

ラ 行

λ-線形化ゲーム　96
リーゾナブル性　110
利得　5
利得ベクトル　5
離反戦略　174
　　確定的——　185

リンダール均衡　88
リンダール配分　88

ワ 行

和ゲーム　58
ワルラス均衡　87
ワルラス配分　87

著者紹介

中山　幹夫（なかやま　みきお）（第 2 章・第 4 章）
1947 年生まれ．
東京工業大学工学部卒業，同大学院社会工学専攻修士課程修了．
東京工業大学工学部助手，富山大学経済学部講師，助教授，教授，法政大学経済学部教授を経て，
　現　在　慶應義塾大学経済学部教授
　専　攻　ゲーム理論と経済への応用
主要著作
『社会的ゲームの理論入門』勁草書房，2005 年
『ゲーム理論で解く』有斐閣，2000 年（共編著）
『はじめてのゲーム理論』有斐閣，1997 年

船木　由喜彦（ふなき　ゆきひこ）（第 3 章）
1957 年生まれ．
東京工業大学理学部数学科卒業，東京工業大学大学院総合理工学研究科博士課程修了．
東洋大学経済学部専任講師，教授を経て，
　現　在　早稲田大学政治経済学術院教授
　専　攻　ゲーム理論・実験経済学
主要著作
『演習ゲーム理論』新世社，2004 年
『エコノミックゲームセオリー：協力ゲームの応用』サイエンス社，2001 年
『ゲーム理論で解く』有斐閣，2000 年（共編著）

武藤　滋夫（むとう　しげお）（第 1 章）
1950 年生まれ．
コーネル大学大学院オペレーションズ・リサーチ専攻 Ph.D. 課程修了．
東京工業大学理学部助手，東北大学経済学部助教授，教授，東京都立大学経済学部教授を経て，
　現　在　東京工業大学大学院社会理工学研究科教授
　専　攻　社会工学
主要著作
『ゲーム理論入門』日本経済新聞社，2001 年
『ゲーム理論で解く』有斐閣，2000 年（共編著）
『投票システムのゲーム分析』日科技連出版社，1998 年（共著）

協力ゲーム理論

2008年7月25日 第1版第1刷発行

著者 中山幹夫
    船木由喜彦
    武藤滋夫

発行者 井村寿人

発行所 株式会社 勁草書房
112-0005 東京都文京区水道 2-1-1　振替 00150-2-175253
(編集) 電話 03-3815-5277／FAX 03-3814-6968
(営業) 電話 03-3814-6861／FAX 03-3814-6854
大日本法令印刷・青木製本

© NAKAYAMA Mikio, FUNAKI Yukihiko, MUTO Shigeo　2008

ISBN978-4-326-50304-9　　Printed in Japan

JCLS ＜(株)日本著作出版権管理システム委託出版物＞
本書の無断複写は著作権法上での例外を除き禁じられています。
複写される場合は、そのつど事前に(株)日本著作出版権管理システム
(電話03-3817-5670、FAX03-3815-8199) の許諾を得てください。

＊落丁本・乱丁本はお取替いたします。
http://www.keisoshobo.co.jp

今井晴雄・岡田章編著
ゲーム理論の応用
A5判　3,360円
50268-4

今井晴雄・岡田章編著
ゲーム理論の新展開
A5判　3,255円
50227-1

中山幹夫
社会的ゲームの理論入門
A5判　2,940円
50267-7

鈴木光男
社会を展望するゲーム理論
若き研究者へのメッセージ
四六判　3,570円
55057-9

鈴木光男
ゲーム理論の世界
四六判　2,625円
55037-1

鈴木光男
新ゲーム理論
A5判　5,040円
50082-6

I. ギルボア，D. シュマイドラー／浅野貴央・尾山大輔・松井彰彦訳
決め方の科学——事例ベース意思決定理論
A5判　3,360円
50259-2

R. J. オーマン／丸山徹・立石寛訳
ゲーム論の基礎
A5判　3,465円
93198-9

————勁草書房刊

＊表示価格は2008年7月現在，消費税は含まれております。